高等学校设计+人工智能（AI for Design）系列教材

AIGC三维艺术设计

王凌轩　孙坚　邓晰　编著

清华大学出版社
北京

内容简介

本书全面探讨了人工智能技术如何深刻地影响着当前和未来的三维艺术创作,深入剖析了 AIGC 的基本原理,以及对三维艺术创作产生的直接影响并探索了前沿的应用领域。本书主要内容包括建模、纹理映射、光影渲染等关键环节 AIGC 对接三维制作的平台和解决方案,同时帮助学生理解如何利用人工智能技术创作出更具创新性和表现力的艺术作品。

本书可作为高等院校和职业院校艺术设计、动画、数字媒体艺术等专业课程的教材,也适合有一定基础的三维设计爱好者用于自我提升。

本书封面贴有清华大学出版社防伪标签,无标签者不得销售。
版权所有,侵权必究。举报:010-62782989,beiqinquan@tup.tsinghua.edu.cn。

图书在版编目(CIP)数据

AIGC 三维艺术设计 / 王凌轩,孙坚,邓晰编著.
北京:清华大学出版社,2025.1(2025.7重印). --(高等学校设计+人工智能(AI for Design)系列教材). -- ISBN 978-7-302-67899-1

Ⅰ. TP391.414-39
中国国家版本馆 CIP 数据核字第 2025QS4584 号

责任编辑:田在儒
封面设计:张培源 姜 晓
责任校对:刘 静
责任印制:杨 艳

出版发行:清华大学出版社
网　　址:https://www.tup.com.cn,https://www.wqxuetang.com
地　　址:北京清华大学学研大厦A座　　　　邮　编:100084
社 总 机:010-83470000　　　　　　　　　　邮　购:010-62786544
投稿与读者服务:010-62776969,c-service@tup.tsinghua.edu.cn
质量反馈:010-62772015,zhiliang@tup.tsinghua.edu.cn
课件下载:https://www.tup.com.cn,010-83470410

印 装 者:三河市龙大印装有限公司
经　　销:全国新华书店
开　　本:185mm×260mm　　印 张:9.5　　字 数:217千字
版　　次:2025年1月第1版　　　　　　　　印 次:2025年7月第2次印刷
定　　价:69.00元

产品编号:107088-01

丛书编委会

主　编
　　董占军

副主编
　　顾群业　孙　为　张　博　贺俊波

执行主编
　　张光帅　黄晓曼

评审委员（排名不分先后）
　　潘鲁生　黄心渊　李朝阳　王　伟　陈赞蔚
　　田少煦　王亦飞　蔡新元　费　俊　史　纲

编委成员（按姓氏笔画排序）
　　王　博　王亚楠　王志豪　王所玲　王晓慧　王凌轩　王颖惠
　　方　媛　邓　晰　卢　俊　卢晓梦　田　阔　丛海亮　冯　琳
　　冯秀彬　冯裕良　朱小杰　任　泽　刘　琳　刘庆海　刘海杨
　　孙　坚　牟　琳　牟堂娟　严宝平　杨　奥　李　杨　李　娜
　　李　婵　李广福　李珏茹　李润博　轩书科　肖月宁　吴　延
　　何　俊　闫媛媛　宋　鲁　张　牧　张　奕　张　恒　张丽丽
　　张牧欣　张培源　张雯琪　张阔麒　陈　浩　陈刘芳　陈美西
　　郑　帅　郑杰辉　孟祥敏　郝文远　荣　蓉　俞杰星　姜　亮
　　骆顺华　高　凯　高明武　唐杰晓　唐俊淑　康军雁　董　萍
　　韩　明　韩宝燕　温星怡　谢世煊　甄晶莹　窦培菘　谭鲁杰
　　颜　勇　戴敏宏

丛书策划
　　田在儒

本书编委会

王凌轩　　孙　坚　　邓　晰　　陈墨白
贺俊波　　严宝平　　陈媛媛　　冯　琨
徐乙一　　陈妙莲　　汪鑫渠

丛书序

  生成式人工智能技术的飞速发展,正在深刻地重塑设计产业与设计教育的面貌。2024年(甲辰龙年)初春,由山东工艺美术学院联合全国二十余所高等学府精心打造的"高等学校设计+人工智能(AI for Design)系列教材"应运而生。

  本系列教材旨在培养具有创新意识与探索精神的设计人才,推动设计学科的可持续发展。本系列教材由山东工艺美术学院牵头,汇聚了五十余位设计教育一线的专家学者,他们不仅在学术界有着深厚的造诣,而且在实践中也积累了丰富的经验,确保了教材内容的权威性、专业性及前瞻性。

  本系列教材涵盖了《人工智能导论》《人工智能设计概论》等通识课教材和《AIGC游戏美宣设计》《AIGC动画角色设计》《AIGC游戏场景设计》《AIGC工艺美术》等多个设计领域的专业课教材,为设计专业学生、教师及对AI在设计领域的应用感兴趣的专业人士,提供全面且深入的学习指导。本系列教材内容不仅聚焦于AI技术如何提升设计效率,更着眼于其如何激发创意潜能,引领设计教育的革命性变革。

  当下的设计教育强调数据驱动、跨领域融合、智能化协同及可持续和社会化。本系列教材充分吸纳了这些理念,进一步推进设计思维与人工智能、虚拟现实等技术平台的融合,探索数字化、个性化、定制化的设计实践。

  设计学科的发展要积极把握时代机遇并直面挑战,同时聚焦行业需求,探索多学科、多领域的交叉融合。因此,我们持续加大对人工智能与设计学科交叉领域的研究力度,为未来的设计教育提供理论及实践支持。

  我们相信,在智能时代设计学科将迎来更加广阔的发展空间,为人类创造更加美好的生活和未来。在这样的时代背景下,人工智能正在重新定义"核心素养",其中批判性思维水平将成为最重要的核心胜任力。本系列教材强调批判性思维的培养,确保学生不仅掌握生成式AI技术,更要具备运用这些技术进行创新和批判性分析的能力。正因如此,本系列教材将在设计教育中占有重要地位并发挥引领作用。

  通过本系列教材的学习和实践,读者将把握时代脉搏,以设计为驱动力,共同迎接充满无限可能的元宇宙。

董占军
2024年3月

前言

自 2022 年以来，AIGC 已成为众多领域的热门话题。在艺术设计行业，人工智能绘画技术的成熟与商业化，迅速颠覆了公众对数字美术的传统认知。无论是专业用户还是业余爱好者，都在积极测试和分享相关工具与平台。AI 生成的图书、网络文学插图、大型活动的吉祥物、广告海报、短视频等，已经渗透到人们日常生活的方方面面。AIGC 技术的快速发展及其对未来趋势的指引，促使视觉内容生产相关企业和传播媒介意识到变革和对策的紧迫性。同时，这也对传统艺术人才的职业规划和教育培养产生了巨大冲击。包括三维艺术设计在内的视觉文化相关专业，迫切需要更新现有的工艺流程和教育体系，以适应 AIGC 带来的变革，并确保知识体系、师资、教学条件和就业导向能够以可持续的方式快速适应技术进步与产业变革。这正是我们编写并推荐本书的目的和意义所在。

AIGC 技术的核心活跃领域主要集中在智能化的文字、图像和视频内容生成。本书专注 AIGC 技术在三维艺术设计领域的应用，包括动画、游戏、电影电视、AR/VR 等与视觉媒介。AIGC 技术应用于三维艺术领域，它带来了高效且自由的创作方式，但同时也面临着成品质量尚不成熟的挑战。这再次强调了三维艺术设计师提高技术和艺术基本素养的重要性。本书在评估 AIGC 技术融入三维艺术工作流程时，特别关注了风格化静帧、生成式建模、智能材质贴图等方面，并介绍了 AIGC 在现阶段能够助力三维艺术的前沿技术发展和工具平台。同时，从技术规范和工作流程的角度，结合数字雕刻、三维扫描、模型重拓扑、次世代工作流程等三维艺术技法的高级知识，兼顾了知识的前沿性和可持续性。完美地补充了市场上大多数三维艺术设计教材容易欠缺的知识内容。

本书第 1 章为导论部分，包含 3 节。首先，概述了 AIGC 的技术特点，列举了常见且流行的 AIGC 平台，描述其功能和应用领域。其次，讨论了现有典型工作流程和岗位分工对 AIGC 的需求及应用前景，并展开探讨了技术范本与艺术风格之间的关系。最后，衔接 AIGC 较为普遍和成熟的平面图片生成功能，提供了一个模拟三维盲盒玩具风格的角色设计图生成过程。以便在后续章节中引入 AIGC 生成模型与重拓扑相关的知识和案例。

第 2 章为 AIGC 接入三维艺术的方法和应用，包含 4 节。内容主要从三维艺术设计既有的工艺流程和应用领域出发，借助智能化图片和视频建模技术，拓展三维艺术设计的应用领域与美术资产来源。同时以主流三维软件 Maya 为例，按三维建模通用流程和质量要求，衔接数字雕刻的自动重拓扑、贴图烘焙工作流，建立较为简易的修改流程来提升

AIGC 生成三维美术资产的质量。

第 3 章为 AIGC 与三维数字形象生成，包含 4 节。内容涉及本书核心教学案例的 AIGC 角色建模流程，对多个新近流行的高质量 AIGC 平台进行了评测，并选择其中较为典型的生成结果，进行了完整的手动重拓扑演示。本章覆盖了 AIGC 接入三维工作流的核心知识点，同时也兼顾了 AIGC 平台文生三维角色模型功能的测试和结果评估。

第 4 章为 AIGC 与材质贴图，包含 2 节。首先，衔接核心案例，对角色模型的 UV 展开和贴图绘制进行了全流程讲解，并在 Maya 软件的 Arnold 渲染器下进行了灯光设置和渲染。其次，本章的后半部分介绍了 AIGC 智能贴图生成平台的应用和工作流程整合，分线上和线下两种方法利用 AIGC 为模型生成贴图，对结果加以评估并进行了必要的修正。

第 5 章为 AIGC 三维艺术设计展望，包含 3 节。其内容主要是对 AIGC 技术在三维艺术设计领域已经显露的发展趋势和可能带来的影响，列举典型案例并展开合理预测。同时，反思艺术设计人才定位，正确认识 AIGC 艺术的道德、法律和文化风险，也兼顾了对艺术观念、社会文化价值的深层次探讨。

虽然目前 AIGC 在三维艺术设计领域的发展，尚不能很好地提供完整或阶段性成果来显著提升工作效率，但对于那些具备一定基础的三维艺术设计学习者而言，本书依然能够提供丰富的技法知识和启发性案例。读者可以通过书中的内容，尽可能地使 AIGC 的生成结果符合行业标准，并与三维艺术领域未来的发展进步保持兼容。对于教师而言，本书可以与现有知识体系整合，便于融入课程，并结合 AIGC 的最新技术发展，实现教学内容的更新和案例的创新。

本书的编写团队由有 20 年以上三维艺术设计和教育经验的专家组成，具备与行业接轨的专业视野，并与业界前沿企业保持紧密沟通和良好的合作关系。书中案例大多源自编者创作和职业实践。读者可以依据书中知识和思考练习的内容，完成在 AIGC 辅助下的创作和练习。编写本书的目的，不是让读者机械地接受 AIGC 艺术的思维方式和尚未成熟的技术工具，变成岗位和技术的附庸，而是鼓励读者通过理解前沿技术，反思视觉艺术设计职业化和工业化对艺术、艺术品、艺术家和设计师的影响。这有助于学习者在未来批判性地判断艺术传播和评论中的观点，深入思考数字媒体艺术在大众审美和虚拟消费中的作用，乃至重新审视整个社会文化生产的价值目的。

感谢丛书编写委员会的邀请和同行的推荐，感谢参与本书编写工作的邓晰副教授、孙坚老师的共同努力，感谢编委老师们提供的帮助和建议。本书的编写过程为所有参与者提供了一个反思艺术创作、技术积累、专业教育和科学研究的机会。鉴于本书涉及的技术领域发展迅速，案例和技法流程复杂，书中可能存在疏漏或某些内容随时间推移会略显陈旧，我们感谢读者的理解并期待收到反馈。

王凌轩
2024 年 9 月

更新与勘误

目 录

第1章 导论 /1

1.1 AIGC 艺术设计基础 /1
- 1.1.1 AIGC 简介 /2
- 1.1.2 AIGC 主流工具和软件平台 /3

1.2 艺术与技术的融合：AIGC 与三维艺术的崭新时代 /7
- 1.2.1 AIGC 时代行业对三维艺术设计的需求现状 /8
- 1.2.2 AIGC 技术和三维艺术风格 /10

1.3 AIGC 三维设计图生成 /12
- 1.3.1 AIGC 生成设计图线稿 /12
- 1.3.2 AIGC 三维风格生成和调整 /14

本章小结 /17

第2章 AIGC 接入三维艺术的方法和应用 /18

2.1 AIGC 时代三维艺术的应用拓展 /18
- 2.1.1 三维软件主导的技术工艺流程 /19
- 2.1.2 三维艺术相关技能在文化领域的应用 /20

2.2 AIGC 基于平面图像的三维重建 /22
- 2.2.1 Reality Capture 的工作流程概览 /22
- 2.2.2 Reality Capture 实例分析 /24
- 2.2.3 AI 视频建模平台 /27

2.3 AIGC 对三维建模思路技法的引导方向 /29
- 2.3.1 传统三维建模概述 /29
- 2.3.2 数字雕刻与重拓扑工作流程 /38

2.4 贴图烘焙对三维生成内容的还原 /43
- 2.4.1 法线贴图与次时代工作流 /43
- 2.4.2 Marmoset Toolbag 高低模贴图烘焙方法 /45
- 2.4.3 低模与贴图的渲染还原 /48

本章小结 /52

第3章 AIGC 与三维数字形象生成 /54

3.1 AIGC 三维建模的技术基础与平台比较 /55
- 3.1.1 AIGC 建模的基本工作方式 /55
- 3.1.2 AIGC 建模平台的比较和生成结果评价 /56

3.2 AIGC 三维角色模型的修正和重拓扑 /62
- 3.2.1 AIGC 模型的预处理和雕刻修型 /63
- 3.2.2 AIGC 角色模型的雕刻 /66

3.2.3 AIGC 角色模型的重拓扑要求 / 67
3.2.4 AIGC 角色模型的重拓扑准备 / 68
3.2.5 AIGC 角色模型的面部重拓扑 / 70
3.2.6 头部其他部位的重拓扑 / 72

3.3 AIGC 角色模型重拓扑与其他建模手段的结合 / 74
3.3.1 手套的自动重拓扑 / 75
3.3.2 刘海的扫描网格 / 78
3.3.3 整体模型的组合完成 / 79

3.4 AIGC 文生三维角色模型的典型应用 / 80
3.4.1 AIGC 三维平台的文生模型功能 / 80
3.4.2 AIGC 文生模型的评价和后续处理 / 84

本章小结 / 85

第 4 章　AIGC 与材质贴图　/ 87

4.1 AIGC 重拓扑模型的材质贴图制作 / 87
4.1.1 AIGC 重拓扑角色模型的材质准备 / 88
4.1.2 AIGC 重拓扑角色模型的材质制作 / 92
4.1.3 灯光环境的还原与渲染 / 102

4.2 AIGC 三维贴图智能生成和投射 / 107
4.2.1 三维软件的智能贴图 / 108
4.2.2 AIGC 线上智能贴图平台 / 109
4.2.3 AIGC 本地智能贴图生成和投射 / 117

本章小结 / 131

第 5 章　AIGC 三维艺术设计展望　/ 132

5.1 AIGC 对三维艺术设计发展趋势的影响 / 132
5.2 AIGC 时代三维设计师的自我定位 / 137
5.3 AIGC 艺术的深入思考 / 138

本章小结 / 141

参考文献　/ 142

第 1 章

导 论

1.1 AIGC 艺术设计基础

如果说 2018 年 AI 绘画作品《艾德蒙·贝拉米》的拍卖成功，还可以归功于人工智能艺术的猎奇标签和高拍卖价格带来的轰动效应，那么到了 2022 年，聊天机器人 ChatGPT 的亮相给公众带来的冲击，则与 1997 年 IBM 的"深蓝"战胜国际象棋冠军卡斯帕罗夫时并无二致。这些事件往往只是成为人们指尖一滑而过的新闻推送，或是社交场合中的闲聊话题。大多数人在短暂关注和讨论后，并不会将自己代入"被机器超越的人类"这一角色之中。但是，像 Midjourney 和 Stable Diffusion 这样商用 AIGC 绘画平台的出现，却真正让所有人，特别是那些以绘画为职业的艺术设计师们，感受到了紧迫的威胁。这不仅仅是人类某项技能被机器取代的问题，而是人工智能触及了人类自豪地认为不可替代的灵感、激情、直觉和创造力等核心精神领域。尽管目前 AIGC 尚无法完全代替人类艺术家和设计师，即使 AI 绘画仍只能在视觉文化内容中占据一小部分，但只要人们开始认可人工智能绘画产品，可以在质量和速度上与人类设计师进行比较，商业美术设计行业、企业、个人作品乃至整个媒介文化都将不可避免地进入一个不可逆转的进程——迈向一个 AIGC 艺术的新时代。

1.1.1　AIGC 简介

AIGC（AI generated content，人工智能生成内容）是继专业生成内容（professional generated content，PGC）、用户生成内容（user generated content，UGC）之后，一种更为高效、便捷的新型内容创作方式。它利用人工智能技术，特别是生成对抗网络（GAN）、大型预训练模型（如 Transformer）、变分自编码器（VAEs），以及其他深度学习框架来创造文本、图像、音视频、代码、3D 模型等多种媒介形式的内容。这些技术通过模拟人类的创意过程，不仅能够复现已存在的风格和格式，还能够创造全新的、未曾存在的创意作品。

AIGC 的技术基础深植于机器学习的两大主要模型：判别式模型和生成式模型。判别式模型专注于识别和分类数据，例如识别图像中的对象或对电子邮件进行垃圾邮件分类。相比之下，生成式模型则致力于生成全新的、看似真实的数据实例。这些模型不仅具有学习数据的特定特征，还能基于这些学习到的特征产生新的数据点，这使得它们特别适合内容生成。

生成对抗网络（GAN）的引入是 AIGC 领域的一个重要里程碑。GAN 由两部分组成：一个生成器和一个判别器。生成器的任务是创造逼真的数据实例（如图像），而判别器的任务则是区分生成的数据和真实的数据。通过这种对抗性训练，生成器学习如何产生越来越逼真的数据，推动了模型在艺术创作、新媒体设计等领域的应用。随着时间的推移，AIGC 已从简单的文本和图像生成，演进到复杂的音视频合成和 3D 环境模拟。此外，变分自编码器（VAEs）和基于 Transformer 的模型等技术已经被开发和优化，以处理更大规模的数据集和更复杂的生成任务。2022 年，扩散模型（diffusion model）的兴起为 AIGC 技术带来了重大创新，通过结合前向扩散与反向生成的过程，有效地提升了图文生成的效率，使其成为 AIGC 研究中的一个热点领域。这些技术的进步不仅提升了生成内容的质量，也极大地扩展了 AIGC 的应用。

AIGC 现已覆盖多个领域，从艺术和创意产业的自动化创作，如 AI 绘画和音乐创作，到专业领域如法律文档自动生成、新闻稿件编写以及个性化教育内容的创建。在商业领域，AIGC 技术支持广告创意生成、社交媒体内容制作和用户体验的个性化。此外，随着技术的普及，AIGC 也开始在游戏开发、电影制作和虚拟现实等娱乐领域中扮演重要角色。

AIGC 的优势在于其生成内容的高效率和低成本，这正在改变传统内容产业的格局。随着 AIGC 的快速发展，接踵而来的挑战也日益凸显。内容的原创性、版权归属和道德责任成为亟待解决的问题。此外，随着生成内容的质量和逼真度日益提高，区分人工和 AI 生成内容的难度也在增加，这对传统的内容审核和监管机制提出了新的挑战。未来，AIGC 的发展需要在创新与责任之间找到平衡，确保其对社会产生积极影响。理想的人工智能应当与人类创作者合作，而非取代他们，以确保技术促进而不是破坏人类的文化和艺术价值。这种平衡是技术发展的必由之路，也体现了科学技术对未来社会的深刻责任感。

1.1.2　AIGC 主流工具和软件平台

随着人工智能技术的不断进步，AIGC 已经成为创意产业和多个专业领域中不可或缺的驱动力。全球各地的开发者和企业纷纷推出了一系列创新的 AIGC 工具和平台。在文本生成领域，有 ChatGPT、Claude、Gemini、文心一言等；在图片生成领域，有 Stable Diffusion、Midjourney、DALL-E、文心一格等；在视频生成领域，有 Sora、Runway、Stable Video Diffusion、Pika 等；在音乐生成领域，有 Suno、Stable Audio 等；在数字人领域，有 HeyGen、D-ID、阿里巴巴的 EMO 等。此外，AIGC 也在编程开发、企业运营、办公、教育训练等其他领域展示其创新潜力，这些工具和平台正在塑造内容创作的未来。

本节将介绍几款领先且成熟的 AIGC 工具和软件平台，这些平台已成为设计师、艺术家不可或缺的资源。我们将探讨如 OpenAI 的 Chat GPT、DALL-E 和 Sora，以及 Stable Diffusion、Midjourney 和 Runway 等工具的功能和应用领域。通过了解这些 AIGC 工具的技术细节和实际应用，我们可以更好地评估它们对未来内容创作领域的潜在影响，并探讨这些技术如何继续影响创意产业的发展方向。

1. ChatGPT

ChatGPT 是 OpenAI 开发的一款聊天机器人，基于大型语言模型（LLM），允许用户精细控制对话的长度、格式、风格、细节程度和语言。ChatGPT 自从推出以来，其用户迅速增长，到 2023 年 1 月，该平台已成为历史上增长最快的消费软件应用，用户超过 1 亿。ChatGPT 的发布也迫使其他竞争产品加紧推出和更新。

此外，ChatGPT 在对话应用中，结合了监督学习和来自人类反馈的强化学习。尽管核心功能是模拟人类交谈者，但 ChatGPT 的应用非常多样化，包括写作和调试计算机程序、创作音乐、翻译和总结文本、模拟 Linux 系统等。ChatGPT 可像搜索引擎一样提供信息搜索和建议，例如解释笑话之所以有趣的原因，或提出解决特定编程错误的建议。作为一个文本生成器，它能够创建大量清晰、逻辑性强但可能较为普通的文本。此外，它可以帮助创作者克服创作障碍，提供灵感并协助修改和扩充内容。根据 ChatGPT 自身的描述，"它是一个适用于任何任务的工具，既智能又快速；从编写笑话到撰写文章，展现出极大的灵活性"。但 ChatGPT 也有其限制，如有时会产生听起来合理但实际上错误或无意义的回答，这种现象被称为"幻觉"。

ChatGPT 已经集成了对插件的支持，包括 OpenAI 自己制作的插件和第三方开发的插件，如 WebPilot、Wolfram、Code Guru 等。它也支持通过 API 与其他应用程序集成，扩展了应用场景和功能。ChatGPT 操作界面如图 1-1 所示。

2. DALL-E

DALL-E 是由 OpenAI 开发的一系列文本到图像模型，包括 DALL-E、DALL-E 2 和 DALL-E 3。这些模型使用深度学习方法从自然语言描述中生成数字图像。DALL-E 的第一个版本在 2021 年 1 月发布，其后继产品 DALL-E 2 于 2022 年发布，能够生成更真实、更高分辨率的图像。最新的 DALL-E 3 于 2023 年发布，集成进了 ChatGPT Plus 和 ChatGPT

Enterprise。该模型名称的灵感来源于超现实主义艺术家萨尔瓦多·达利和皮克斯动画中的机器人 WALL-E，象征其在艺术与科技融合方面的创新。

DALL-E 使用的是 GPT-3 模型的多模态版本，能够理解和生成与给定文本描述相符的图像。这些模型不仅可以生成写实图像，还能创造带有绘画风格的图像或表情符号。DALL-E 能够在没有明确指令的情况下，正确地在图像中放置设计元素，表现出广泛的对视觉和设计趋势的理解。DALL-E 在多个领域中都有应用，包括数字艺术创作、广告设计、媒体内容生成等。由于其在视觉内容创作方面极为出色的能力，它常被用于生成独特的艺术作品和商业图像，帮助设计师和内容创作者扩展他们的创意边界。DALL-E 演示效果如图 1-2 所示。

图 1-1
ChatGPT 操作界面

图 1-2
DALL-E 演示效果

3. Sora

Sora 是由 OpenAI 开发并于 2024 年 2 月在美国正式发布的先进 AI 视频生成模型。该模型名字来源于日语单词"空"，意指其无限的创造潜能。Sora 基于 OpenAI 早期的文本到图像模型 DALL-E 进行开发，能够根据用户的文本描述生成长达 60s 的高真实感视频。Sora 的开发利用基于扩散转换器（diffusion transformer）的技术，这是一种去噪潜在扩散模型，在潜在空间中生成视频后，将其转换到标准空间。这种方法让 Sora 能够生成视觉细节丰富的视频内容，包括复杂的摄像机运动和表情丰富的角色，并能无缝扩展现有短视频，生成前后衔接的新内容。

Sora 继承了 DALL-E 3 的高画质和对指令的精确响应能力，可以准确捕捉用户在文本提示中的详细要求。该模型的推出，为视频制作领域的艺术家、电影制作人员和学生等提供了广阔的创作空间，标志着 AI 在模拟和理解动态物理世界方面的显著进步。Sora 的发布不仅展示了其在复杂场景生成方面的能力，还建立了让 AI 通过学习理解模拟现实世界场景方面重要的里程碑。

尽管 Sora 尚未提供给公众使用，但从 OpenAI 放出的信息来看，用户将能通过简单的文本提示来生成视频，这使得非专业用户也能轻松创建复杂的视频内容。OpenAI 官方已通过演示体现其生成视频的能力，如图 1-3 所示。

图 1-3
OpenAI 官方演示 Sora 生成视频的能力

4. Stable Diffusion

Stable Diffusion 是由 Stability AI 开发的一种深度学习文本到图像生成模型,首次发布于 2022 年。该模型基于扩散技术,特别是潜在扩散模型(latent diffusion model,LDM),能够根据文本描述生成详细的图像。它的开发涉及慕尼黑大学的 CompVis 组和 Runway,以及来自 Stability AI 的捐赠和非营利组织提供的训练数据。

Stable Diffusion 的特点是其代码和模型权重已经公开发布,使其能在大多数具有适中 GPU 性能支持的消费级硬件上运行。这体现了 Stable Diffusion 与以往只能通过云服务访问的专有文本到图像模型(如 DALL-E 和 Midjourney)的显著区别。

Stable Diffusion 使用的 LDM 架构通过在训练图像上连续移除高斯噪声(视为一系列去噪自编码器的过程)来训练。模型包含三部分:变分自编码器(VAE)、U-Net 和一个可选的文本编码器。VAE 将图像从像素空间压缩到较小的潜在空间,捕获图像更本质的语义。随后,高斯噪声被迭代地应用到压缩的潜在表示上,最后,U-Net 通过反向扩散过程去除噪声,再由 VAE 解码器将潜在表示转换回像素空间,生成最终图像。

此模型支持通过文本提示生成新图像,也允许对现有图像进行重绘,来包含由文本提示描述的新元素。此外,还可以通过修图和扩图等方式,部分修改现有图像。目前 Stable Diffusion 有两种用户界面,分别是 Web UI 和 Comfy UI。Web UI 是一个基于网络的界面,允许用户通过简单的文本输入来生成图像。这个界面通常托管在云服务器上,用户可以通过任何标准的网络浏览器访问它。Comfy UI 是 Stable Diffusion 的另一种用户界面,它提供了一些额外的功能和定制选项,使得用户体验更加"舒适"和个性化。这两种界面都是为了让用户能更容易地接触和使用 Stable Diffusion 模型,无论是通过直接在网页上操作,还是通过更为复杂和功能丰富的节点化界面进行高级图像生成和编辑。用户可以根据自己的需求和偏好在二者之间进行选择。Stable Diffusion 的 Web UI 操作界面如图 1-4 所示。

5. Midjourney

Midjourney 是由位于旧金山的独立研究实验室 Midjourney, Inc. 创建和托管的生成式人工智能程序和相关服务。该工具由 Leap Motion 的联合创始人,David Holz 领导的团队

图 1-4
Stable Diffusion 的 Web UI 操作界面

开发。Midjourney 通过 Discord 机器人命令生成图片，用户可以使用文本描述（提示词）来生成图像，类似于 OpenAI 的 DALL-E 和 Stability AI 的 Stable Diffusion。它能够快速实现概念艺术原型设计，并在开始实际工作之前向客户展示。此外，Midjourney 经常更新其算法版本，不断改进其图像生成能力。Midjourney 的使用展示如图 1-5 所示。

图 1-5
Midjourney 的使用展示

Midjourney 被广泛应用于艺术和设计领域，帮助艺术家、设计师和创意专业人员快速生成创意视觉内容。它也被广告行业用于创建原创内容和快速头脑风暴，为广告制作提供新的可能性。Midjourney 主要通过 Discord 平台访问，用户通过发送特定的命令来激活图像生成过程。这种接入方式使得 Midjourney 可以轻松集成到现有的社交和工作流程中，为用户提供便捷的图像创作工具。同时，其持续更新的算法保证了图像质量和创新性，推动了创意产业的发展。

6. Runway

Runway 是一个由人工智能推动的创意平台,致力于通过提供一系列广泛的 AI 工具和功能来革新艺术、娱乐和设计领域。该平台为用户从概念到成品提供多种创意工具,帮助将创意转化为现实。Runway 特别适合电影制作人、视频编辑、数字艺术家、设计师,以及教育工作者。

Runway 的研究工作涉及 Gen-1 和 Gen-2 的先进 AI 生成技术,以及其他关于图像合成、视频合成、计算机视觉和音频生成的领域。Gen-1 技术可以使用文本和图像从现有视频中生成新视频,而 Gen-2 则允许用户根据文本提示生成任何风格的视频。此外,Runway 提供了包括文本到图像、音频处理、视频抠图等在内的全面 AI 工具,并基于这些工具开发了一个以协作和速度为卖点的 Web 端视频编辑软件,旨在提升视频后期编辑和特效制作的效率。Runway 的产品理念是始终保持在 AI 技术发展的最前沿,探索图像和视频编辑的全新方法。他们的目标是利用云计算和 AI 的力量定义新的工作流程,而不仅仅是提供一个更优的 Photoshop 或 Premiere 替代品。Runway 旨在成为未来内容创作的核心工具,尤其是在视频创作领域。Runway 的官网界面如图 1-6 所示。

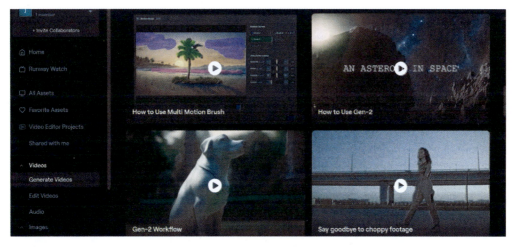

图 1-6
Runway 的官网界面

AIGC 作为一种新型内容创作方式,正在重塑内容产业的格局。AIGC 衍生出许多平台,在多个领域提供了强大的创意工具。通过了解和应用这些先进的 AIGC 工具和平台,我们能够更好地把握这一技术潮流,为创意产业和其他专业领域带来更多创新和机遇。同时,关注技术伦理和社会责任,将确保 AIGC 的健康发展,促进社会的整体进步。

1.2 艺术与技术的融合:AIGC 与三维艺术的崭新时代

中国的游戏和影视产业正在迅速发展,涵盖虚拟仿真、文化创意产业等多个领域,对高质量三维艺术作品的需求持续增长。在游戏、影视剧和动画制作中,大量优秀的三维模型、动画和特效得到了广泛应用。AIGC 在相关艺术制作领域已经突破静态图片生成，开始向动态视频和智能三维生成技术拓展。一方面，融入原有制作环节，如 AI 建模、AI 动作控制等；另一方面，也开始从渲染风格上突破原有三维艺术常规的美术表现，支撑甚至跨越部分需要漫长制作周期和大量人力的技法流程。

与直面 AIGC 挑战的绘画艺术相比，三维艺术设计和影视动画行业早已习惯与计算机图形学领域的前沿技术同步发展。相比于二维静态艺术"机器战胜人力"的传统工业神话，三维艺术设计师们目前还处在成熟的专业技术范式和工业化流程构筑起来的堡垒庇护之下。即便如此，AIGC 仍是从业者在原有的三维图形软硬件迭代之外，必须随时关注和积极融入的视觉内容生产技术大趋势。

1.2.1　AIGC 时代行业对三维艺术设计的需求现状

无论是动画还是 CG 电影，都对三维美术资源有大量的需求。尽管 AIGC 技术已经能够在一定程度上实现静态图像和视频画面的风格化生成，但其质量相比产业一线需求仍然存在较大差距。同时由于游戏交互、沉浸体验、模拟教学、文化资源记录和浏览等领域，对于视觉元素设计和技术实现的复杂性，三维形式和技术流程仍不可或缺。在现有的文化复兴、数字赋能文旅的大背景和趋势下，对三维美术资源的需求将长期存在。AIGC 技术在辅助三维视觉对象的实体化和艺术化方面，有望成为行业内越来越普遍的工作方式。这不仅能够提高生产效率，还能够推动创新，使艺术创作更加多元化和个性化。

1. 岗位需求

和大部分数字艺术类似，三维艺术设计师的职业化，往往必须从属于动画 CG 或数字游戏这样的典型工业化流程。三维动画中期工作流，即建模、材质贴图、骨骼绑定、角色动画、灯光渲染等，基本涵盖了所有与三维内容生成有关的专业性需求。随着技能的专精和工作岗位的细化，每一个设计师往往只能胜任三维艺术制作的某一特定环节。依据商业化目的和专业性评价，最终的三维艺术作品几乎都是分工合作的产物。如今，尽管 AIGC 已经可以生成模拟三维美术风格的静态甚至动态内容。但鉴于三维艺术应用领域的多元化和专业性评价，AIGC 用于三维艺术的价值和可行性，目前还需要在既有的工作流中讨论。但毋庸置疑的是，AIGC 融入现有工业化流程的专业岗位，可以代替机械的重复劳动，降低从业人员的技能门槛，使得更多的三维艺术家可以跨领域发展，甚至独立完成整部作品的创作。

2. 应用前景

尽管目前标榜具有三维资源生成能力的 AIGC 平台，其生成质量大幅度落后于 AIGC 用于图片生成的质量，应用前景不尽如人意。但毕竟已经让 AI 技术发展出了机器学习和处理、生成三维内容的能力，形成了技术迭代的基础。以下介绍 AIGC 可用于现有三维工作流的方式和前景。

1）AI 建模

（1）目前人工智能可以用来自动生成三维模型，包括从二维图像或文本描述中生成模型。现有 AI 建模平台生成作品的质量尽管相比行业应用需求仍存在一定的差距，但正在快速迭代优化发展中。

（2）部分参数化建模平台，如虚幻引擎的 Metahuman 可通过真人照片或面部三维扫描数据，智能识别、匹配特征，快速搭建完整的数字虚拟人。

（3）平面图形和短视频生成是目前 AIGC 发展比较成熟的领域，AI 建模可利用来自其他 AIGC 平台的二维内容来继续智能生成三维内容。

2）AI 绑定

（1）人工智能可以通过对现实生物的运动学规律，以及对已有的三维角色控制效果的学习，来自动完成角色的绑定过程。目前 Adobe 的 Mixamo 平台即可使用较少的关键节点定义快速进行角色绑定。

（2）目前部分 AIGC 建模平台也引入了自动绑定功能，使得三维制作流程的自动化程度进一步提高。基于文字或单张设计图，AIGC 平台就能生成可动三维角色，并提供可导入三维软件或游戏引擎的标准格式。

3）AI 动画

（1）人工智能技术可以用于自动生成动画，或帮助艺术家进行运动捕捉，从而使动画角色的动作更加自然和流畅。目前很多 AI 动作和表情捕捉平台，允许用户使用单镜头的视频来解算出流畅且合理的动作表演数据。一些传统的人体动力学动画软件（如 Cascadeur）通过对人体动作规律的智能学习，支持用户用较少的关节操作即可获得符合运动习惯的全身姿态。同时也可以为简单的关键帧补间动画制作更自然的细节，如缓冲和次级跟随动作等。

（2）一些 AI 动画平台具备提示词生成动画功能，可以根据用户输入的文字描述，利用存储的角色动作数据库，融合、拼接成符合描述的连续动作表演。

4）AI 贴图

（1）人工智能可以用来自动生成材质和纹理。多数 AI 建模平台都可以根据输入的设计图生成角色正面的贴图，同时补充设计图中原本不包含的，角色背面的贴图。部分平台也可以为用户上传的无材质模型，根据提示词生成贴图。

（2）目前一些 AI 贴图独立软件或插件可以和 AIGC 图片生成功能联动，如将当前三维视图中的模型以深度信息采样，提供给 Stable Diffusion 这样的本地部署 AIGC 平台，用作控制信息输入。深度信息结合提示词生成的图片会被投射到三维模型上，形成与该角度匹配的局部贴图。在多个角度重复执行上述操作即可获得完整的 AI 贴图。

5）AI 渲染

（1）视频的风格化渲染是伴随 AIGC 发展的典型应用领域。在可以生成模仿三维渲染风格的静态图片基础上，AIGC 平台可结合图生图或骨骼数据提取等手段，不经过建模、绑定、动画、材质等工序，直接生成动态三维风格视频。该领域的发展在未来有望颠覆动画 CG 领域的三维制作流程，建立新的行业标准和范式。

（2）目前三维软件的风格化渲染效果，大多仍存在较明显的三维制作痕迹，如三维卡通渲染效果，尚无法完美模拟传统二维动画手绘造型和原动画表演规律。AIGC 基于图片风格化的视频处理功能,可以为三维渲染结果加强手绘感,以及抽帧插值的动画效果。

(3)以机器学习能力为核心的 AIGC 算法,既可以为简单的三维粗模快速生成带有完整细节的渲染预览效果;也可以分析已有美术作品的风格特征,并为三维渲染视频添加该风格的滤镜,从而实现任意视觉风格动态影像的三维制作。

1.2.2　AIGC 技术和三维艺术风格

2022 年,计算机艺术家格伦·马歇尔(Glenn Marshall)凭借其 AI 电影《乌鸦》(*The Crow*)赢得了戛纳电影节短片竞赛单元评审团奖。这部作品通过使用计算机算法,将真人舞蹈视频转化为具有乌鸦外观特征的动画角色,模仿了舞蹈者的动作,创造出一段独特的视觉体验。这种兼具视频原型特征与抖动闪烁的视觉效果,代表了此后大多数 AI 动画的共同风格,如图 1-7 所示。

在 2023 年,特效团队 Corridor 采用了 Stable Diffusion 这一开源绘图 AI 技术,以逐帧处理的方式,将真人演员的实拍镜头转化为动画。他们参考了日本动画《吸血鬼猎人 D》的画面风格,创作出了动画短片《剪刀、石头、布》(*ANIME ROCK, PAPER, SCISSORS*),如图 1-8 所示。这部短片以其稳定可控的视觉效果和出色的画面表现,迅速成为 AI 动画领域的一个热点,引起了广泛的讨论和关注。

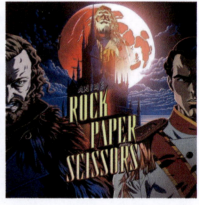

图 1-7　　　　　　　　　　　　　　　　　图 1-8
AIGC 电影短片《乌鸦》　　　　　　　　　　AIGC 动画《剪刀、石头、布》

迪士尼资深动画师亚伦·布莱斯(Aaron Blaise)在观看了这部短片及其制作花絮后,对 AIGC 技术介入动画制作流程的潜力和已经取得的成果表示了肯定和赞赏。他回忆起 20 世纪 90 年代三维 CG 技术刚刚进入动画制作领域时,许多动画师所感受到的不安和威胁。然而,作为一个经验丰富的动画师,亚伦·布莱斯面对动画技术的新一轮变革持有积极和开放的态度,并对新兴技术表示了祝贺和兴奋。

AIGC 技术在生成图像风格方面已经取得了显著进展,特别是在模拟真实材料和体积感的三维艺术创作上。一个突出的例子是图片处理软件 Remini 推出的"照片黏土滤镜",该滤镜利用 AIGC 技术对图像进行风格化处理,将人物和景物转换成具有手工捏制黏土质感的美术风格。这种风格可以追溯到定格动画时代的黏土偶,以其独特的"丑萌"视觉效果吸引了大量用户。继 Remini 之后,美图秀秀也迅速推出了类似的功能,进一步证明了 AIGC 技术在图像风格化方面的应用潜力。如图 1-9 所示为编者的照片经黏土滤镜处理后的效果。

2023 年 12 月,中国首部 AI 动画电影《愚公移山》的开机仪式和先导预告片的公布,标志着 AIGC 技术在动画电影制作中的创新应用。该电影由交互影业有限公司制作,并得到了北京电影学院教育部工程研究中心的技术支持。从已公布的影片画面效果来看,制作团队运用了包括 AIGC 在内的多种技术手段,创作出了具有 AI 生成风格和三维动画形式的影像内容,如图 1-10 所示,展现了 AIGC 技术在动画制作领域的广阔前景。

依据官方已公布的拍摄花絮,我们可以了解到,这部带有三维风格特征的动画电影的技术路线,主要依赖真人实拍镜头的 AIGC 风格化处理,完全跳出了从建模、到贴图、到绑定动画和渲染的传统三维动画工作流。为解决 AIGC 生成影像内容常见的风格稳定性和角色造型一致性问题,演员从一开始就使用了与最终动画角色结果极为接近的服化道设计,降低了画面需要 AI 重绘的幅度,提升了画面的稳定性,如图 1-11 所示。同时影片也利用后期技术来避免 AIGC 逐帧处理视频产生的画面闪烁。

图 1-9
AI 黏土滤镜效果(右)

图 1-10
AIGC 动画电影《愚公移山》预告片(下)

图 1-11
《愚公移山》制作花絮

尽管《愚公移山》的预告片中确实展现了一些 AIGC 生成卡通风格动画视频的常见问题，例如角色眼神与动作不一致以及真人视频风格化可能导致的恐怖谷效应。然而，这部作品所采用的技术范式具有开创性和颠覆性，为三维艺术设计领域提供了反思的机遇，并为三维动画的风格化渲染带来了新的灵感。通过对 AI 进行有针对性的模型训练，使用预期风格和对应角色的图形素材，三维渲染视频能够转化为传统技法难以实现的特殊视觉风格，或者更逼真地模拟手绘美术效果，如更加精致和逼真的卡通渲染效果。

目前，AIGC 制作的静态和视频内容已经广泛出现在公共空间的广告画面上。一些制作者似乎在刻意突出 AI 生成图片的典型特征，包括闪烁和变幻的视觉缺陷，以此来强化 AI 技术参与制作的印象。这种现象引发了关于"一眼 AI"似乎已经成为一种新的、公认的艺术风格的讨论。随着 AIGC 图形技术能力和新工作流程的引入，它们极大地提升了影像生成的效率和风格的自由度，这不禁让人思考，传统三维动画是否会退化为 AI 动画众多可行风格中的一种？同时，对于使用新技术去复刻旧手工技法典型视觉风格的尝试应如何评价也成为一个值得探讨的问题。

在动画技术发展的历程中，对技术能力突破和视觉效果极限的追求，与技术保障下的个人风格自由选择之间的协调发展，一直是技术与艺术相互促进的基调。AIGC 技术的出现，为这一发展基调增添了新的维度，也为动画创作者提供了更多的选择和可能性。如何平衡技术创新与艺术表达，如何利用 AIGC 技术创作出既具有技术突破性又富有艺术价值的作品，将是动画行业未来发展的关键所在。

1.3 AIGC 三维设计图生成

1.3.1 AIGC 生成设计图线稿

教学资源

Midjourney 一类的线上 AIGC 平台，可以通过提示词引导生成图片的内容和风格。但在文生图模式下，提示词对风格的控制并不是很统一，并且由于绝大多数平台由国外团队开发，在模型训练阶段没有对中国元素和风格进行很好的人工标记训练。以中国风格或历史文化要素为关键词往往得不到理想的结果。一些笼统的东方角色特征和服饰、建筑提示信息往往更容易得到偏日式的造型风格，如图1-12所示。

在文生图中，像Pixar、blind box、3D animation等提示词均有利于将AIGC生成结果向三维风格引导。该案例还使用了如three-view（三视图）、full body（全身图）这样的构图提示词，和chinese girl（中国女孩）、chinese traditional clothing（中国传统服装）等内容提示词。但整体风格表现仍然不佳。

1. AIGC 线稿清稿

案例选择编者早期漫画角色作为原型，如图1-13所示。以类似盲盒玩具的三维设计为目标风格。完善可控的三维设计图生成，需要更多的提示信息、更精准的调节参数和美术风格大模型。因此，本案例选择本地部署Stable Diffusion平台，并使用图生图的方式，配合模型、LORA、ControlNet实现稳定的三维风格设计图输出和流程控制。为对接后续的AIGC角色三维建模流程，首先需根据原始设计绘制角色标准A-Pose的正面草图，如图1-14所示。

图1-12
Midjourney文生角色图效果

图1-13
案例角色出处

图1-14
案例线稿草图

将草图导入Stable Diffusion图生图模块。大模型选择NeoplasticismMix，这是一个简约明快、仿漫画的手绘卡通风格模型，适合钢笔线条配合淡彩着色的漫画角色。由于此处对草稿的第一次处理仅限于线稿誊清和修型，因此在正向提示词中添加lineart（线稿）、White_background（纯白背景）、Grayscale（灰度图）等，以避免额外内容和色彩的干扰。图生图以较低的重绘度（小于0.5）进行处理，重绘度过高会导致角色部位识别混乱或加入额外颜色。低重绘和高重绘的生成结果对比如图1-15所示。

2. 手动颜色控制

此时我们可以注意到，由于重绘幅度较低，原始草稿上轮廓线不够平滑准确的问题会带入誊清之后的结果，这在后续生成三维风格图时会带来一些问题，因此草稿阶段应尽可能用较细的、平滑的、简洁不重复的线条绘制。

Stable Diffusion在文生图阶段会依赖一系列从正向和反向描述质量、风格、内容、细节和姿势等的提示词来引导结果。但在图生图模式下，尤其是重绘度较低时，提示词的影响力会有一定下降。由于 Stable Diffusion 的提示词往往不足以描述角色各部位颜色信息，通常得不到正确的上色结果。因此为了匹配原始设计，需要对已 AI 誊清的线稿手动平涂填色。如图 1-16 所示。

如果将填色后的图片，再次使用卡通手绘漫画风格的 NeoplasticismMix 大模型以低重绘度图生图，则会得到一个偏手绘漫画风的结果，如图 1-17 所示。此处只是演示一下线稿填色在大模型下的生成效果，并非案例流程必备环节。实际三维风格的设计图生成，只需要在平涂填色的誊清线稿基础上进行接下来的步骤。

图 1-15
低重绘的正确结果（左）和高重绘的错误结果（右）

图 1-16
手动线稿填色（左）

图 1-17
填色线稿用同一模型重绘的结果（右）

1.3.2 AIGC 三维风格生成和调整

接下来的三维风格处理需要更换大模型。由于誊清线稿平涂填色得到的图片在 Stable Diffusion 图生图模式下，存在着重绘度和出图质量之间的矛盾，主要表现为调高重绘度则无法保证造型，重绘度过低则又会导致生成结果的颜色和体积感表现不佳。因此将工作方式改为带有 ControlNet 控制的文生图模式。

1. 模型选择

风格控制大模型选择 ReVAnimated，这是一个可生成日式动画风格角色效果的较为普遍适用的 Checkpoint 模型。为使输出结果近似于盲盒玩具实体的视觉风格，选择加入了 LoRA 的 blindbox_v1_mix 辅助控制生成结果。

LoRA 模型是 Stable-Diffusion 在 AIGC 生成过程中的一部分重要控制数据，其全称是 Low-Rank Adaptation of Large Language Models，可理解为 Stable Diffusion 的一种插件，主要工作原理是在艺术图像生成过程中，将 LoRA 参数注入已有的模型中，从而改变生成图像的风格或典型特征。

2. 提示词控制

首先在正反提示词中可加入常规的控制质量的提示词。此外在正向提示词加入 3D_rendering（三维渲染）引导风格，加入 studio lights（摄影棚灯光）和 simple background（简单背景）来获得明亮简约的灯光和背景环境。也可加入根据平涂色稿反求的提示词，用以描述画面内容和各部位颜色，如 purple twintails（紫色双马尾）、blue skirt（蓝色裙子）、white gloves（白手套）、purple eyes（紫色眼睛）、ruby and gold hair ornament（红宝石和金色的发饰）、white_shoes（白色鞋子）等。尽管案例生成结果在很大程度上依赖 ControlNet 调用的辅助控制图片中的信息，但实践证明，详细、准确的描述生成目标的提示词，对生成结果的质量会产生重要的影响。

3. 添加 ControlNet

在 ControlNet 里的"预处理器"下拉列表中选择 lineart_anime_denoise（动漫线稿降噪），并在"模型"下拉列表中选择对应的 lineart 处理模型。单击图像空白处导入平涂色稿，选择合适的阈值提取线稿，单击爆炸图标观看提取效果。结果会以黑底反白的方式显示，如图 1-18 所示。此外还需要一个 ControlNet 来处理颜色信息，为此添加 tile_resample（分块重采样）预处理器，并选择对应的模型。该 ControlNet 的作用是将输入图片马赛克化采样来辅助颜色信息的保留。在测试预览后可以发现，如果 tile_resample 也选择平涂色稿作为输入图片，则很可能因为颜色体积感不强和线稿过于明显而导致生成结果错误。

图 1-18
ControlNet 提取线稿效果

为此，在该案例中不得不额外将去掉线稿的填充颜色图单独导出为一张图片，作为 tile_resample 的输入。同时在这个过程中还手动叠加了阴影来引导输出结果的灯光效果。颜色图片和处理结果如图 1-19 所示。另外，利用"高分辨率修复"功能提高输出结果的尺寸将有助于减少轮廓线带来的不良影响。

注意每一个 ControlNet 都可以在"控制模式"中选择"更偏向 ControlNet"使生成结果受输入图片的约束更多，或者选择"更偏向提示词"选项使生成结果倾向于让 LoRA 来控制。相关选项如图 1-20 所示。

由于 tile_resample 预处理器采样是马赛克式的，不属于精细匹配控制，因而应当选择让它更偏向 ControlNet。而 lineart_anime_denoise 的控制模式可以选择"更偏向提示词"，来减少生硬的轮廓线和结构穿插，从而获得较好的结果，但造型风格会略微偏离输入的线稿平涂着色图。两种控制方式的最终效果对比如图 1-21 所示。

图 1-19
ControlNet 分块采样的辅助图片（左）

图 1-20
控制模式选项（下）

图 1-21
线稿提取选择"均衡"（左）和"更偏向提示词"（右）的效果对比

4. 结果的评价和讨论

案例给出的生成过程和方法并不唯一，有 Stable Diffusion 使用经验的设计师可以根据自己的习惯选择文生图或图生图方式，以及选择叠加何种 ControlNet 来约束生成结果。不过一些与案例结果类似的问题会在 AIGC 转化线稿设计图到三维渲染风格过程中反复出现。

1）色彩还原不准确

图生图模式下，重绘幅度的增加会导致颜色偏离原图。而重绘幅度不足则会导致色彩减淡、线稿突兀、风格转化不彻底等问题。因此，建议使用文生图模式，使用提示词结合 ControlNet 作为辅助手段，来准确描述画面内容。即便如此，本案例的三维风格转化结果中还是出现了肩部颜色的偏差。

2）轮廓线无法去除

AIGC 输出的效果图成品，尽管具有较好的三维着色风格，但原图的轮廓线往往不能完全去除，部分粗细有变化的轮廓线还会被识别成零碎的模型结构。这些问题在线条较粗和颜色较浅的部位出现更多。因此，建议使用粗细均匀、色彩亮度反差更小的线条绘制设计图。文生图结合 ControlNet 的方式同样可以改善结果，但用户最终往往不得不使用 AIGC 二次生成，或手动 PS 的方式来减少轮廓线的影响。

本章小结

目前 AIGC 技术发展相对成熟的应用领域，仍主要集中在文字和平面图像、短视频镜头的智能生成上。在此基础上，三维图形技术及相关作品已经形成的图像风格和工艺流程，已被 AI 大模型吸收。利用 AIGC 平台生成模拟三维渲染风格的卡通角色图片，是目前 AI 绘画最广泛的应用之一。在很多平面广告领域，这种带有光影体积感细节的 AIGC 图片省去了大量传统绘画工作，或烦琐的三维制作流程。但从不同产品形态对数字美术资源利用的技术路线出发，相关行业对三维内容的生成仍有多样化的大量需求。而 AIGC 技术的发展已经开始在辅助三维内容生成方向发挥自己的作用。

> **思考与练习**
>
> （1）从媒体资讯和日常学习中，你都接触过哪些 AIGC 平台？经过本章的介绍，哪一种 AIGC 功能是你比较重视并计划学习的？应如何评价 AIGC 目前用于影像艺术的典型效果特征？纵观视觉艺术的历史，应如何认识技术范本与艺术风格之间的关系？何种程度的 AIGC 生成技术，才有可能完全颠覆现有三维艺术设计的技术路线和技法流程？
>
> （2）尝试利用自己掌握的 AIGC 平台，将角色形象的文字设定信息作为提示词，选择合适的风格模型测试 AIGC 在美术设计上的效果和实用价值。尝试将自己设计的角色线稿导入 Stable Diffusion，利用书中提及的模型和参数将其转化为模拟三维渲染风格的图片。在此基础上还可以利用 ControlNet 中的 OpenPose 为角色生成多视图转面效果，或更改姿态。

第 2 章

AIGC 接入三维艺术的方法和应用

教学资源

2.1　AIGC 时代三维艺术的应用拓展

从早期计算机图形技术成果到如今电影、电视和游戏中的虚拟美术形象，三维艺术在有限的发展历程中，经历了硬件、软件的多次迭代。如今，以三维艺术串联的数字媒体艺术各应用领域，仍遵循着在软件虚拟的三维空间中，构造和编辑立体视觉对象的工作范式。并在 3D 电影、游戏交互、XR 等特殊显示介质上充分展示了三维技术的核心优势和工艺特色，不可替代的视觉奇观能力。尽管 AIGC 技术能够绕过传统的三维艺术设计工作流程，直接生成具有体积感和写实渲染风格的动态影像，这些成果无疑具有极大的吸引力。然而，三维艺术设计领域依旧保持着制作流程复杂和高专业技能门槛的特点。在 AIGC 技术对行业的冲击中，三维艺术设计受到的影响相对较小，这为该领域的专业人士提供了一个相对稳定的缓冲期。

尽管如此，面对 AIGC 技术的快速发展和其在三维艺术设计领域的持续研发投入，从业人员和教育机构必须采取积极的态度，做好充分的准备。这包括反思现有的技术路线和工艺流程，探索如何将 AIGC 工具和思维融入工作流程中，以提高效率和产出质量。此外，三维艺术设计师可以利用其深厚的专业技能和经验，在 AIGC 技术推动的人才竞争中巩固自身优势，并在行业中继续保持领先地位。这不仅是对个人职业技能的一次提升，也是对整个三维艺术设计领域未来发展的一次积极布局。

2.1.1 三维软件主导的技术工艺流程

企业或工作室在三维艺术创作中,需依赖一个功能全面的软件平台以整合整个工艺流程。图 2-1 展示了一个以角色为核心的三维制作流程图。在教育和学习阶段,教师和学生需紧跟行业标准和人才市场的需求,选择并精通至少一款三维 DCC(digital content creation,数字内容创作)软件,同时考虑其他相关软件以拓宽技能范围。在三维制作领域,DCC 软件涵盖了 Maya、3ds Max、Blender、Cinema 4D 等主流软件平台,这些软件均能支持从建模到渲染的整个三维制作流程,尽管各有其特色和优势。

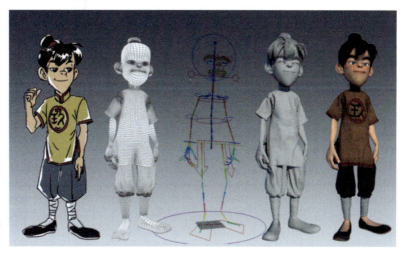

图 2-1
动画短片《出神入"画"》的角色三维制作流程演示

例如,Maya 和 3ds Max 均出自 Autodesk 公司,其中 Maya 在三维动画电影和 CG 制作中占据主导地位,而 3ds Max 则在游戏开发领域更为流行。Blender 作为一款开源软件,以其强大的功能和成本效益受到小型工作室和独立创作者的青睐。Cinema 4D 则以其用户友好的界面和高级渲染技术在广告和动态图形设计中广受好评。

除了软件的核心功能外,其他因素如外包项目的兼容性、教育资源的可用性、用户社群的活跃度以及软件的市场热度等,也会对个人和小工作室在选择 DCC 软件时产生重要影响。正确的选择能够提高制作效率,确保作品质量,并满足市场的需求。

随着图形技术的飞速发展加之新兴企业和团队积极投身于三维软件工具的开发,市场上出现了许多新技术平台。这些平台虽未必能覆盖三维制作的全流程,但在特定领域却显示出独特的优势。例如,数字雕刻和三维扫描技术极大地丰富了三维模型的创作方法和来源;运动捕捉技术则能够捕捉真人演员的表演动作,并直接应用到三维虚拟角色上。一些技术和相关软件甚至已经融入现有的工作流程中,形成了新的行业标准。这在一定程度上促进了三维艺术设计行业分工的进一步细化,并加深了不同专业领域之间的隔阂。三维 DCC 软件所构建的影视和游戏行业的共同工作流程,以及涉及的主要技术和平台,如图 2-2 所示。

在三维技术和艺术的传统应用领域,软件开发与行业流程标准之间存在着密不可分的联系。相关专业的从业者在学生时期,主要就是在学习并熟练掌握对标就业岗位的特定三

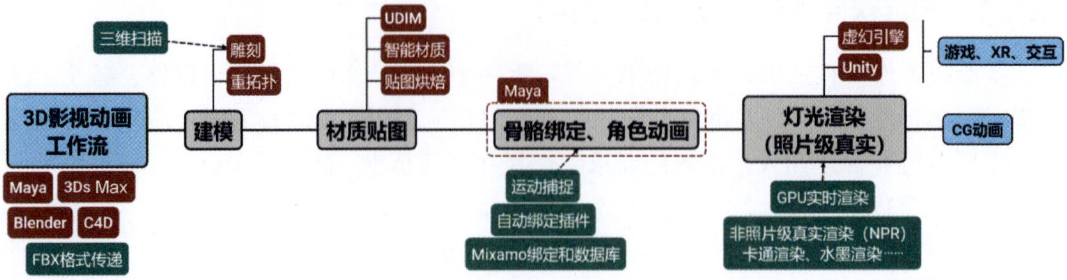

图 2-2　典型三维艺术设计工作流

维软件所需的知识与技能。然而，当前中国的影视和游戏产业已经非常成熟，市场格局相对稳定。同时，政策导向的变化，以及 AIGC 技术对艺术设计行业的潜在影响，促使企业在规划未来的规模化发展和人才战略时变得更加谨慎。在这样的背景下，那些超越了传统行业范畴的三维技术和艺术的新兴应用领域，对相关专业的教育和毕业生的就业定位产生了更为积极的影响，对教育和人才培养提出了新的要求。它们需要能够协同使用包括 AIGC 在内的各种可用工具和资源，打破传统行业的壁垒，培养出具备综合性技能的人才。这要求教育工作者和从业者重新考虑对工具和技能的学习，以适应快速变化的技术环境和市场需求。

2.1.2　三维艺术相关技能在文化领域的应用

2022 年 5 月底，中共中央办公厅、国务院办公厅联合印发了《关于推进实施国家文化数字化战略的意见》（以下简称《意见》）。该《意见》中提出的数字化战略目标，包括到"十四五"时期末基本建成文化数字化基础设施和服务平台，形成线上线下融合互动的文化服务供给体系；到 2035 年，建成国家文化大数据体系，实现中华文化全景呈现和数字化成果的全民共享。这些目标的实现，将极大地丰富和提升公众的文化生活体验，同时也为文化资源的保护和传承提供了坚实的技术支撑。《意见》明确指出，数字化资源将成为新时代学术研究和历史探索的新途径，这不仅有助于数据的长期保存和系统整理，也使得公众能够通过更加便捷和直观的方式接触并了解传统文化知识。

文化遗产的数字化工作覆盖了可移动文物和不可移动文物的保护、复原与展示。随着数字技术的快速发展，这些宝贵的文化遗产得到了更加精确的记录、归纳和保存，其基本信息和核心价值得以客观、真实地呈现。通过科学有序的数据管理，文化遗产的数字化不仅实现了对过去的记录，还具备了在虚拟空间中持续重现的能力。三维技术在文物、古迹、艺术品以及文化资源的数字化领域展现出巨大潜力。新的研究成果和应用趋势不断涌现，这在保护、传承和利用文化遗产方面发挥着越来越重要的作用。三维技术的应用，让文化遗产的数字化不仅停留在表面的图像记录，更能够实现立体的、互动的展示，为人们提供了一种全新的文化体验方式。

1. 数字化采集

对于文物和艺术品，除了利用高分辨率相机和成像技术，对其进行数字化图像采集之外；还可以利用激光扫描和摄影测量等技术，对文物进行高精度的三维数字化重建，使得文物的形态、结构和细节得以完整记录。对于不可移动的文物古迹，还可借助航拍、卫星遥感等技术对古迹的分布、结构和环境进行全方位的数字化记录。

2. 数字化存储和分析处理

文物和艺术品，可以利用数字化存储手段建立数字档案库，对文物的数字信息进行统一管理和存储，提高了文物保护和管理的效率。对艺术品数字图像进行处理和分析，可以提取艺术品的特征信息，实现对艺术品的识别、鉴定和保护。

3. 数字化展陈

在原有的实物展陈环境中，利用数字技术动用声、光、电、动态影像和设备交互等多种展示辅助手段，可以突破物理空间限制，提升展示内容的视听媒介信息水平，引导参观者主动关注和接收历史知识与文化内涵。也可以通过虚拟现实技术，将文物古迹或艺术品数字化生成的三维模型呈现在虚拟展览中，使得观众可以通过网络或特定设备，实现远程参观和互动。

4. 跨界融合应用

将文化资源数字化技术与其他领域的技术进行融合，如虚拟现实、增强现实、区块链等，拓展文化资源的应用场景和商业模式。文化资源的艺术转化和设计再创作，也可支持数字娱乐产业丰富视觉资源的需求，让流行文化娱乐与传统文化资源有机结合，服务中华文化传承传播的目标。

故宫博物院为馆藏的 10 万多件文物建立了高清数字图片档案，为近 350 件文物建立了三维扫描模型和在线浏览平台"数字多宝阁"，如图 2-3 所示。浙江大学与云冈石窟研究院合作，历时 3 年多，应用三维扫描技术和大型 3D 打印设备，制作了云冈石窟第十二窟的可移动复制版本，实现了不可移动文物的数字化采集、复制和异地展陈。这些都是三维技术在动画影视创作之外，服务文化传播需求的拓展应用。

图 2-3
故宫博物院的文物三维模型在线浏览平台"数字多宝阁"

2.2 AIGC 基于平面图像的三维重建

除去常规的三维 DCC 软件，还存在一类图片重建智能建模软件，它们允许用户使用多角度拍摄照片的方式对实物对象进行数据采样，而后由软件智能化生成三维模型，并还原材质细节。这些软件和对应的工作流可以代替昂贵的三维扫描硬件，同时适用于那些对大体积建筑、地形等不适合直接使用三维扫描进行记录的实物对象的三维数字化。目前部分软件平台支持用连续摄制的环绕视频进行三维重建，并且使用 AI 技术来简化采集过程，提高生成质量，如 Luma AI 公司的 Genie。PC 端的照片重建软件如 Reality Capture、Photoscan 等，允许配合使用来自激光雷达等设备的额外数据辅助三维生成，得到更高精度的结果。

2.2.1 Reality Capture 的工作流程概览

照片重建三维模型软件 Reality Capture 的工作流程与界面默认的 WORKFLOW（工作流）选项卡一致，如图 2-4 所示，主要包含 Add imagery（添加图片）、Process（生成）和 Export（导出）三个步骤，其中主要的模型生成和编辑都在第二步进行。下面将使用软件自带的范例资源文件简要演示工作流程。

图 2-4
Reality Capture 的 WORKFLOW（工作流）选项卡

1. 添加图片

单击 Inputs 按钮导入同一对象不同角度的多张照片，或单击 Folder 按钮将一个文件夹下的所有图片都导入。在导入图片后还可以根据实际情况额外导入激光雷达数据或无人机飞行数据来提高精度。这些额外数据在自带范例和用户的绝大多数应用条件下都无法获得。

范例资源中包含了一座浮雕的 12 张照片角度为正对浮雕左右约 45° 范围。对于浮雕这样偏向平面的对象，范例中使用的照片数量是足够的，但大多数三维对象往往需要 40 张以上的照片才能满足重建模型的需要。

在 Reality Capture 的面板布局下，每一个面板窗口有 1Ds、2Ds 和 3Ds 三种状态，其中 1Ds 只显示文字内容，如图片信息、场景大纲等。2Ds 显示导入的图片，如图 2-5 所示。点云和模型需在 3Ds 窗口中显示。面板布局的切换可以在 Application 一栏的 Layout 下拉列表中选择。

2. 生成模型

如果直接单击 Process（生成）上方的 Start 按钮，如图 2-6 所示，则软件会自动运行整个工作流程得到最终结果，如图 2-7 所示。用户也可以根据自己的需求修改参数重复这

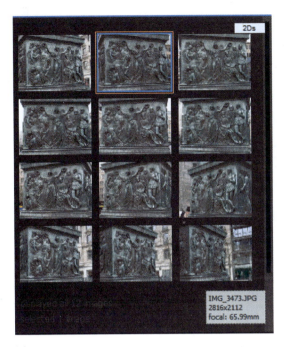

图 2-6
Reality Capture 的生成按钮

图 2-5
Reality Capture 的 2Ds 视图下导入的照片

图 2-7
Reality Capture 范例工程的生成结果

个默认的生成过程，或者切换到 ALIGNMENT（对齐）及 RECONSTRUCTION（重建）选项卡分步骤进行整个流程。

3. 模型清理

目前生成的结果边缘存在着一些低精度的多余面，这是由于实物的这些部分仅在较少的照片中出现，导致软件无法准确重建模型。用户可以通过去除这些精度不佳的面片来改善最终结果。此时需要用到 RECONSTRUCTION（重建）选项卡下的额外功能，如图 2-8 所示。

图 2-8
Reality Capture 的三维重建流程界面

1）设置重建范围

注意 Reality Capture 生成的模型被一个可编辑的白色框架包裹，这便是模型重建范围，通过移动、旋转和推拉它的各方向平面位置可以适当缩小重建模型的范围，剔除多余部分。随后可单击 Normal Detail（中等细节）、Preview（预览）或 High Detail（高细节）按钮来按照当前设置范围和对应精度重新生成模型。这对于整体轮廓为长方体的浮雕非常有效。对重建范围进行设置和模型重建的结果如图 2-9 所示。注意此时颜色细节和贴图需要

图 2-9 设置重建范围的结果

在单击 Colorize（着色）和 Texture（贴图）后才会生成。

2）精细排除多余的面

用户也可以手动选择多余或质量不佳的面，在结果中予以排除。面的选择有以下三种基本方式。

（1）Lasso（套索）：以视图方向拖曳绘制任意形状曲线轮廓，将套索拖曳范围内的面选中。

（2）Rec（框选）：以视图方向拖曳矩形选择框，将框内的面选中。

（3）Box（立方）：拖曳创建长方体选区，将选区内的面选中。

被选中的面以橙色显示，如图 2-10 所示。单击 Filter Selection（滤除选中）可在结果中去除选中的面，此后重新生成即可获得新的模型。注意选择面还有 Expand（扩大选择）、Select All（全选）、Deselect（取消选择）和 Invert（反选）等细节选项。对选中面的处理也有多种可用的操作，具体用法可参考说明文档或通过测试了解。

图 2-10 排除生成效果不佳的面

4. 导出结果

用户在模型清理重建后可单击 Texture（贴图），然后在 Export（导出）下选择 Mesh（网格）将模型存储为 .obj、.fbx 等文件格式。Reality Capture 会自动为模型展开 UV，生成贴图，只是结果会比较零碎。

2.2.2 Reality Capture 实例分析

在教学和创作中使用 Reality Capture 时，先要为实物对象拍摄照片。为此案例选择校园雕塑作为照片建模对象，如图 2-11 所示。以生成面数和质量可用于游戏资源、XR 交互等领域的模型和贴图为最终目标。

除照片重建外，该案例还涉及模型重拓扑和贴图烘焙流程，使用 Zbrush 和 Marmoset Toolbag 软件完成后续步骤，相关知识点和流程将在下一节继续讲解。

1. 照片拍摄

为达到三维重建的最低要求，圆雕对象比浮雕需要更多的照片数量。因此选择围绕目标物体，按平视、俯视和仰视角度，分别拍摄覆盖 360° 的，总计超过 45 张照片，如图 2-12 所示。

此外，拍摄用于三维重建的照片时，还应注意以下事项。

1）每一张照片尽量拍到完整的目标物

对照官方范例的生成结果，可以发现如同时拍到物体的某局部的照片数量不足，可能造成重建结果模型、贴图细节明显下降的问题。

图 2-11
三维照片重建实例的实物对象

2）不适合镜面或缺乏纹理细节的绒面物体

由于镜面物体表面显示的细节，与反射周围环境成像有关。镜头角度变化会导致反射物象随之偏移，因而不能保障视觉特征与实物造型之间固定的空间对应关系，自然也无法重建点云和模型。而漫反射粗糙度很高的绒面物体，如果在色彩纹理上也缺乏变化，则得到的照片既不能从颜色信息捕捉特征，也较难通过光影关系把握结构。因此，这两种物体

图 2-12
实例用于重建的照片

均不适合照片三维重建。事实上，在使用专业的三维扫描设备时，也要避免扫描此两种对象。如果无法避免，通常需要结合显像剂或标志点才能完成扫描。

3）拍照背景不要太空旷或缺少变化

Reality Capture 这样的照片三维重建软件，在照片镜头对位时，不仅依赖拍摄对象本身的特征采样，也需要从背景细节中获取定位特征。空旷而缺乏变化的背景虽然有利于物体和背景的分离，但容易造成特征提取失败，导致部分照片无法还原镜头位置。

4）相邻两张照片之间需要有一定量的部位重叠

三维重建的特征提取过程，需要相邻照片之间有一定内容细节重复出现，才能反求彼此相对位置关系。因此，对于圆雕对象的三维重建才会有更高照片数量的需求。

5）拍摄者或设备的影子不要入画

同样是为了避免影子干扰特征点的提取，以及对扫描物表面细节的遮挡。

2. 反求机位

这一步是照片三维重建中智能化程度较高的部分，类似后期软件反求摄像机动画的工作原理。在导入照片后打开 ALIGNMENT 选项卡，单击 Align Images（对齐图片）按钮。软件即会利用对特征点的辨识和采样，在多张照片之间定位特征点并由此推测相对位置关系，从而反向求取出以目标物为参照系，拍摄时各照片对应机位的三维空间位置。

Reality Capture 会标注出无法反求机位的照片，可以选择直接剔除或人工标记辅助定位。但通常如果拍摄对象、照片数量和拍摄方式符合规范，则不会出现无法反求的现象。

3. 生成点云

在软件对齐照片反求机位的同时，会同步对照片进行三维空间采样并形成点云，大部分三维重建软件都会经历此步骤。点云不是模型，但可以单独导出。它是由已知位置的相邻相机根据各自对应的照片重叠部分，按采样密度提取出来的一系列三维空间顶点，携带坐标和颜色信息，如图 2-13 所示。

图 2-13
三维重建生成的点云

4. 生成模型

点云之间按最近的三点形成一个面的方式组合成连续多边形面，即可得到重建的三维模型，如图 2-14 所示。此环节与 2.2.1 小节中模型清理的流程一致，同时也会按照选择的精度生成贴图。三维重建模型数据的后续处理和应用转化将在后续章节中继续说明。

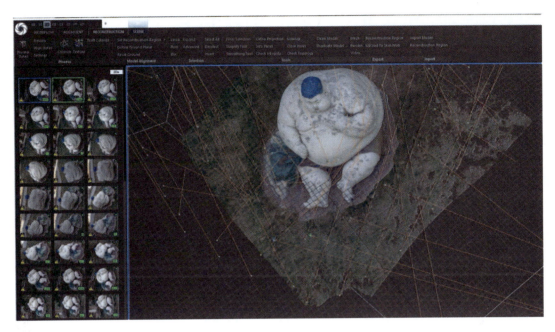

图 2-14
三维重建的模型效果

2.2.3 AI 视频建模平台

Luma AI 是一个兼具文生模型和视频重建模型功能的 AIGC 三维平台,支持移动端 App 操作也支持网页端线上生成。在此重点关注它的视频建模功能,在官网中叫作 3D Capture(三维捕捉)。如果把视频看作更加连续的多角度照片的合成,则 Luma AI 利用视频进行三维重建,和上文提到的 Reality Capture 这样的利用照片提取三维点云重建的软件原理是类似的。但 Luma AI 使用了一种被称为"辐射场"的技术,这使得即便没有足够张数照片捕捉到的场景细节,也可以生成清晰的三维对象。

1. Luma AI 视频重建模型的使用过程

在 Luma AI 主页上单击 Capture(捕捉)图标即可进入三维捕捉页面,如图 2-15 所示。单击 Create 按钮即可进入上传视频窗口,注意尽量选择 360° 环绕目标拍摄,无死角的视频来生成单体模型,或者选择在场景内旋转漫游的视频用于生成整个环境的三维模型。

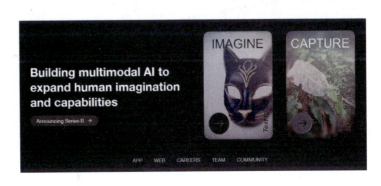

图 2-15
Luma AI 主页上的功能选项

基于简单测试的目标，案例上传了使用手机拍摄的清代德化窑加彩罗汉像 26 秒 360°视频。拖曳文件至上传视频窗口等待上传完成。三维重建的时间相对较长，待完成后用户可选择对生成结果进行线上浏览或下载到本地。案例使用的视频和生成结果的线上浏览效果如图 2-16 所示。

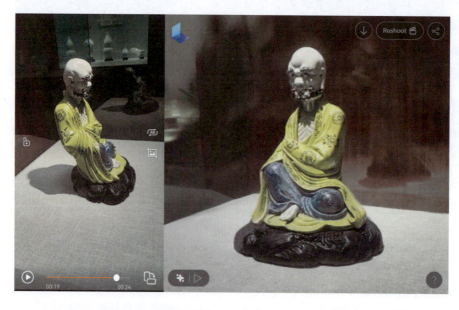

图 2-16
用于重建的视频和 Luma AI 线上浏览效果

2. Luma AI 生成结果的评估

Luma AI 线上平台生成时间略长于 Reality Capture，生成结果可以用模型文件格式下载到本地，支持 .obj 格式，可选高、中、低三种精度。大多数三维软件均可导入观看使用。如图 2-17 所示为 Maya 打开 Luma AI 生成模型的效果。该案例选择最高精度下载，约为 100 万面。

图 2-17
Luma AI 重建模型的导出效果

1）模型评价

平台非常明确地将主体物与环境进行了分离，以 .obj 格式下载本案例的结果，只包含主体物部分。模型造型对视频还原较好，但平整曲面出现了凹凸噪点。视频难以捕捉的人物背面出现了絮状的瑕疵。

2）贴图评价

生成模型的颜色贴图被琐碎地分成了 61 张，并且没有使用 UDIM。模型各部位 UV 重叠，被分别赋予了材质贴图。这一结果需要在后续的重拓扑流程中加以修正。同时视频没有拍到的一些角度，尽管 Luma AI 智能预测了正确的结构，但无法对这部分智能还原贴图，局部出现了空白。

3）场景评价

和 Reality Capture 软件中一旦照片数量不足立刻就出现模型精度劣化的情况不同，Luma AI 最大限度地保障了主体物周围环境的可看性。当然在视频覆盖较差的环境细节上，生成结果还是会出现羽毛状的奇怪结构，但以主体物为视点，则周围环境仍较好地还原了现实拍摄空间，并且越靠近主体物，结构还原越好。

4）支持航拍

社区分享的视频重建案例包含了相当数量的航拍大场景三维重建。主体建筑与短距离周边环境的还原效果都相当不错。

总的来说，基于实物拍摄的三维重建，在引入 AIGC 之后变得更为便捷。同时 AIGC 智能填补了拍摄素材的瑕疵，让生成结果有了更高的容错率和更广阔的应用领域。

2.3　AIGC 对三维建模思路技法的引导方向

AIGC 的发展已经进入了三维建模领域，只是目前 AI 生成的模型往往在精细度、准确度和拓扑结构上仍存在较明显的缺陷。三维模型的拓扑概念来自数学中的拓扑学（topology），它是研究几何图形或空间，在连续改变形状后还能保持不变的一些性质的学科。拓扑学只考虑物体间的位置关系而不考虑它们的形状和大小。在三维模型的算法上，尤其是针对常见的多边形三维模型，拓扑主要指的就是模型的布线。规则和高质量的几何拓扑是模型造型和动画变形的基础。目前大多数三维 DCC 软件都同时支持传统三维建模和数字雕刻重拓扑两种工作流。

2.3.1　传统三维建模概述

在传统的三维建模流程中，模型的造型和拓扑往往是同时完成的，因此用户不得不在建模过程中通过练习和经验兼顾二者。这不仅影响了造型效率，也提高了模型修改的难度。因而实际工作中，更多用户倾向于从模型库中找到已经规则拓扑的常用造型素材来组合修改。本节以 Maya 软件中的建模功能模块，概述传统三维建模的基本思路和技法流程。

1. 三维模型的显示和导航

尽管模型、动画都在软件虚拟的三维空间中显示和编辑，但目前无论观看还是制作，用户只能通过平面显示器浏览三维内容。因而三维软件往往通过多角度视图和导航交互来模拟三维视觉效果。Maya 中默认使用四视图，即前视图、侧视图、顶视图和透视视图来观察三维对象，前三者统称为正交视图。用户可以在视图左侧，工具箱下方的"面板布局"中调出单视图、四视图和双视图预设，如图 2-18 所示。在多视图模式下，每一个视图可在鼠标指针悬停时按空格键最大化显示，再次按空格键恢复多视图显示。

图 2-18
Maya 的软件界面

需要注意的是，由于正交视图不带有透视效果，即无法模拟近大远小的透视变化，因此虽然可以借助在正交视图中导入设计图进行建模参考，但最终仍需要在透视视图中将模型与设计图对照来避免透视变形。

Maya 中的视图导航操作规范在行业中较为普遍，即使用 Alt 键和鼠标三键完成视图的旋转、平移和推拉操作。在按住 Alt 键时，按下鼠标左键拖曳旋转，按下鼠标中键（滚轮按下）拖曳平移，按下鼠标右键拖曳推拉。只有透视视图可任意旋转。这种导航规则与 Substance Painter、虚幻引擎、Marmoset Toolbag 等软件都是一样的。

在 Maya 的任意视图下，按快捷键"4"以线框显示模型，按"5"键以实体显示，按"6"键显示贴图，按"7"键使用场景自建灯光。按 Alt+5 组合键切换在模型表面叠加显示线框。

2. 传统三维建模的造型手段

在不使用任何素材的情况下，用户只能利用软件自带的基本几何体作为建模的起点。用户可在 Maya 工具架的"多边形建模"选项卡下找到大多数基本几何体创建指令，单击即可在原点位置创建如球体、立方体、圆柱体等标准尺寸的基本几何体。

1）基本变换操作

三维对象的选择、移动、旋转和缩放可利用工具箱中对应的指令进行。由于需要频繁使用，用户更加依赖快捷键来切换这些基本操作状态：Q 键选择，W 键移动，E 键旋转，R 键缩放。切换到后三种状态后，对选中模型上出现的变换手柄进行拖曳即可实现对应操作。但由于在二维显示平面上执行三维操作存在准确度问题，因此推荐只在特定轴向上或轴平面内执行操作。如想倒回一步操作，则可使用快捷键 Z。

Maya 默认的轴向是向右为 X 轴正向，向上为 Y 轴正向，向前为 Z 轴正向，以红、绿、蓝三色区分显示在视图左下角。在进行变换操作时可以通过手柄颜色判断操作将在哪一个轴向上生效。也可在模型选中的状态下打开通道盒，如图 2-19 所示，即可在对应轴向的平移、旋转、缩放数值通道上观察，或直接手动键入数值实现精确控制。注意在不同三维软件之间，向上轴的标准可能不同。

2）模型组件与造型方法

如果只对基本几何体进行变换操作，是无法改变模型的形状和结构的。因此，传统三维建模的造型往往是通过编辑多边形对象的组件也就是顶点、边和面来进行的。在模型上按住鼠标右键或者在模型选中状态下在视图任意位置按住鼠标右键可弹出浮动的"热盒"，如图 2-20 所示。可以通过将指针拖曳到对应选项上放开来切换到组件编辑方式。再次调出热盒，并选择"对象模式"可脱离组件模式。对选中的一个或多个组件执行移动、旋转、缩放操作即可改变模型的形状。注意绝大多数建模常用的操作，都可以通过不同键位组合调出的热盒来快捷访问，如基本几何体创建，即可在未选中任何对象时，按住 Shift 键同时从调出的右键热盒（以下简写为 Shift+ 右键热盒）中找到。

对于较复杂的模型，可在组件编辑模式下，按下 B 键拖曳鼠标调整圆形影响范围从而开启软选择。此时对当前选中组件进行的变换，会以按距离衰减的方式影响周围的其他组件。移动顶点时，关闭和开启软选择的效

图 2-19
Maya 的通道盒

图 2-20
Maya 的右键热盒

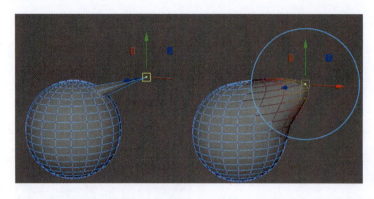

图 2-21
关闭和开启软选择时对组件进行操作的效果

果对比如图 2-21 所示。这对于复杂的、平滑流线型的模型,可保障在变形的同时不影响原有模型的平滑造型。软选择模式会用从亮黄到暗红的方式显示影响范围和衰减程度,反复按下 B 键可切换软选择开启和关闭状态。

3)改变拓扑的常用建模操作

基本几何体创建后,选中模型可以在通道盒下方的"输入"一栏找到尺寸和细分参数,通过手动输入数值的方式,可以调整基本几何体的初始形状和组件细分情况。注意这需要在模型没有经过其他组件变换或变形操作之前才能进行,否则会引起不可预期的后果。此外在模型删除历史后,输入栏内的参数也会消失。

通常情况下,基本几何体提供的组件数量不足以让用户通过组件变换获得所需的模型造型。传统建模必须在基本几何体上,通过可控的方式增加或减少组件数量来达成对造型和拓扑结构的控制。下列操作均可在模型的 Shift+ 右键热盒中找到。

(1)平滑:该操作对模型的每一条边二等分(对全四边面模型这意味着面数会乘以 4),整体趋于收缩平滑。平滑操作是让模型按倍数均匀增加组件数量的操作。动画和 CG 模型,尤其是流线有机体的角色,需要保障模型能够在平滑后获得预期的造型。这是一个重要的模型质量评价指标。

鉴于 Maya 中该操作无法通过菜单项操作来逆转结果,因此绝大多数情况下,用户都是通过选中模型后按快捷键"3"进行平滑预览,无须执行平滑操作即可观察并渲染模型平滑后的结果。可按快捷键"1"从平滑预览回到正常显示模式。快捷键"2"的效果是在平滑预览的基础上,以线框显示平滑之前的模型。默认情况下,平滑预览看到的是模型经过二阶平滑之后的效果。立方体模型平滑预览前后,与进行二阶平滑后的结果对比如图 2-22 所示。

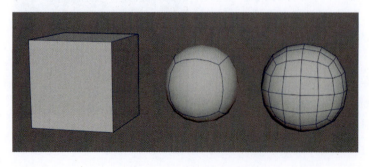

图 2-22
立方体模型及平滑预览和平滑操作的效果

（2）挤出：大多数三维 DCC 软件中常用的造型手段。在选中面后执行该操作，即可向特定方向偏移选中的面，并在面的边界处生成新的四边面。这是一种定向延伸模型结构并增加组件的操作，并且不会破坏原有模型的规则几何拓扑。挤出操作可沿曲线轨迹进行，并且可以通过修改"分段"参数控制挤出的段数。该操作也可以对边使用，但在封闭几何体表面挤出边会造成非流面问题，关于非流面的概念会在拓扑规范部分说明。在 Maya 2022 及后续版本中，挤出操作也可以通过选中面以后，按住 Shift 键进行变换的方式快速执行。

注意在对多个相邻的面挤出时，可以在弹出的参数窗口中切换"保持面的连接性"选项的启用和禁用状态，这会影响挤出之后面之间的连接关系，如图 2-23 所示。

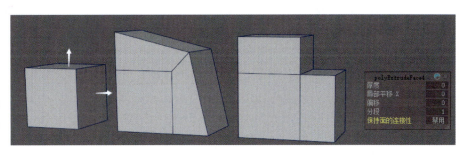

图 2-23
挤出的效果和"保持面的连接性"开关

（3）多切割：该操作可以在不改变模型外观的前提下，通过切割面或边来增加组件数量。使用该操作依次在同一个面的两条不同边上单击确定切割点，即可通过生成的边将面分割成两个。对四边面构成的模型单独切割一个面往往会导致拓扑结构的破坏，产生三角面或多边面。在执行多切割时按住 Ctrl 键可按照连续环形边来切割模型，而环形边切割不会破坏模型原有的规则几何拓扑结构。按住 Shift 键进行多切割，则会将切割点自动吸附到边的端点或等分点上，默认为二等分，即中点位置。多切割自动吸附位置，可以在操作中打开"工具设置"进行调整，此处也会对多切割操作中快捷键对应的功能进行提示，如图 2-24 所示。注意很多操作都存在可在工具设置中修改的参数。

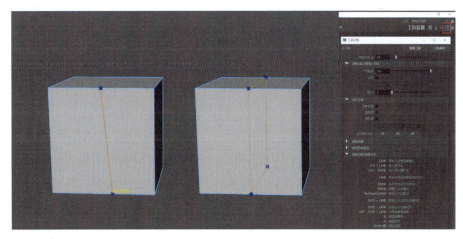

图 2-24
多切割的工具设置参数

3. 模型间的组合与连接

1）模型的复制和删除

对于多个零件组成的复杂模型，往往涉及重复模型的拼装组合操作。选中模型后按 Ctrl+D 组合键可在原地复制出一个和原始模型重合的新模型，移开即可看到复制结果。也可以通过按住 Shift 键移动模型来快捷复制。模型可在选中状态下按 Delete 键删除。注意模型的组件也可以单独删除，但往往会破坏模型的拓扑结构或封闭连续性。

2）模型的对称

大部分的角色和交通工具模型整体上都是趋于左右对称的，对称模型在创建和编辑上都具有一定的便利性。通常只需关注模型一侧的造型，而另一侧则可通过自动或手动对称来生成，并确保造型和拓扑上的对称关系。

图 2-25
对称选项

（1）开启对称：在创建和修改对称模型时，可激活状态行的对称开关，选择以对象坐标或世界坐标的某个轴向作为对称方向。如在原点位置上左右对称的模型，可选择开启"对象 X"或"世界 X"来保障后续操作对模型的左右两侧同时生效，不会改变原模型的对称关系直至取消对称，选项位置如图 2-25 所示。而如果物体偏离坐标中轴位置，则只能通过开启"对象 X"实现对称操作。

绝大多数组件选择、变形和常用建模操作都可以自动对称。但也有少部分操作如"附加到多边形"是无法自动对称的。另外如果原模型不完全对称，开启对称后的操作则可能由于对不正确的组件生效而带来错误的结果。

图 2-26
镜像选项

（2）镜像模型：对于原本不对称的模型可通过镜像实现造型和拓扑结构上的对称。此操作可以在 Shift+右键热盒中找到，默认以世界坐标的 YZ 平面（竖直面）为对称面，将模型向 X 轴负向进行左右镜像。对称面和对称方向等参数可以在执行镜像操作弹出的窗口中修改，如图 2-26 所示。

Maya 的镜像操作经常引发两个问题，一是由于部分顶点过于接近对称面，导致左右两侧的顶点在镜像时被错误合并。此时需要在镜像弹出窗口中减少"合并阈值"的数值来校正，否则事后很难修改。二是部分顶点超过对称面，导致镜像后模型在对称边附近产生额外的面，并导致不必要的三角面和多边面。这个问题需要在镜像之前，通过按住快捷键 X 将对称面上的顶点移动吸附到坐标网格的方法，让它们精确地位于中轴对称面上，然后执行镜像操作来避免。

3）模型的结合与连接

组成一个对象的多个零件模型，如果只是按位置堆叠在一起，则它们整体的旋转缩放操作往往无法保证原有的相对位置关系。因此，当由零件组合的模型基本完成后，可选择将全部零件结合起来统一进行编辑。对于有机体对象或平滑外观的模型，肢体结构之间往往不能通过简单穿插获得平滑的组合效果，还要在结合后将对应组件连接。

（1）模型的结合与分离：用框选或按住 Shift 键加选的方式同时选中多个零件模型后，可在 Shift+ 右键热盒下方找到"结合"选项，如图 2-27 所示。结合后的模型会变为一个整体，中心点会被重置到坐标原点，变换操作的控制手柄会在这个中心点位置显示。如果想要修改模型中心点的位置，则可以单击工具架上"多边形建模"选项卡下的"中心枢轴"选项，将中心点重置至模型的几何中心。或者在移动工具状态下按 D 键，切换到中心编辑模式挪动中心点位置。

如果结合后的模型还未彼此连接，则可以在热盒中选择与结合相邻的"分离"选项，恢复到各零件分别为单独模型对象的状态，注意此时各零件的中心点也会被重置到坐标原点。

（2）顶点合并：同一个模型的不同顶点之间，可通过顶点合并操作来改变拓扑结构或将分离的零件连在一起。方法有两种，第一种方法是在对象模式下，在 Shift+ 右键热盒中选择最上方的"目标焊接工具"选项，此时会自动进入顶点选择模式，可直接按下鼠标

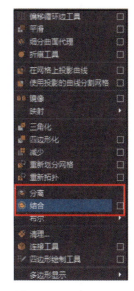

图 2-27
结合操作

左键拖曳一顶点至另一顶点，让前一个顶点吸附到后一个顶点位置并与之合并。第二种方法是先进入顶点选择方式，然后选中要合并的两个顶点，在 Shift+ 右键热盒中选择"合并顶点"→"合并顶点到中心"选项，则两个顶点会合并到中间的位置。

（3）桥接和附加到多边形：除合并顶点之外，也可以选择在两条边之间生成面来实现连接。这通常适用于在模型的非封闭零件之间连接开放边。在边选模式下，从 Shift+ 右键热盒中可以找到"桥接"工具。在分离的两段数量相同的开放边选中的情况下，选择"桥接"命令即可生成一系列新的面，将开放边连在一起。"附加到多边形"工具可在对象模式的 Shift+ 右键热盒中找。激活工具后，通过依次单击相对的两条边在中间形成预创建面效果，此时按 Enter 键或切换到任意其他工具即可确定操作，形成连接。在预创建阶段如果选错了边，则不能按 Z 键而是要按退格键倒回重选。和桥接不同，附加到多边形无法在开启对称状态下对另一边自动生效。桥接和附加到多边形操作及效果如图 2-28 所示。

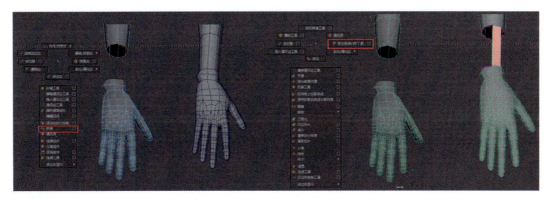

图 2-28
桥接和附加到多边形

（4）多个文件内模型的合并：Maya 的工作文件格式的扩展名为 .mb 或 .ma，每一个文件称为一个场景。一个 Maya 进程一次只能打开一个场景，如果开启新的场景文件，则会自动关闭当前文件，因此通常会询问是否保存。如果需要将两个场景中的模型合并在一个场景内，就需要通过"导入"命令来进行。直接将场景文件拖入当前视图也相当于执行了导入操作。

4. 传统三维建模的基本思路和拓扑规范

利用三维软件提供的传统建模基本功能，用户可创建出任意造型和复杂程度的三维模型。尽管每一个三维设计师的建模习惯不尽相同，但基本遵循相近的思路，服从相同的拓扑规范性要求。

1）基本建模思路

（1）软硬模型分开考虑：三维建模需求一般包含机械、建筑等有棱角转折结构的硬表面模型；也包含需要进行平滑输出，流线型或有机体的软表面模型。前者通常不涉及平滑输出，因而拓扑要求可以非常自由，可以大量使用如布尔运算、倒角、三角面、多边面、多星点等对软表面模型可能带来平滑错误的拓扑而不影响结果。

（2）少量组件控制高精度模型：除软选择和雕刻之外，用户同时对多个组件进行处理的能力有限，而用于电影级别 CG 动画的模型面数通常较高。因此，传统三维建模强调以尽可能少的组件操作去影响高精度模型的造型，同时不破坏原有的平滑结构，这一点与平滑预览的思路统一。此外用游戏引擎实时渲染的模型尽管没有平滑输出的要求，但硬件性能本来就存在对面数的限制。三维建模对组件数量的精简也要兼顾动画角色表演变形的需求，同时避免模型平滑造成的 UV 拉伸。

（3）以相近基本几何体为基础进行拓展和拼接：在不使用素材的前提下，三维建模仅能利用软件提供的基本几何体。因而一个直观的思路就是选择与目标造型最接近的基本几何体作为基础，进行挤出或切割，如用圆柱体制作四肢，用立方体制作躯干等。

（4）复杂造型模型的"切"和"包"两种思路：大多数三维设计师的建模习惯都可以归入这两种基本思路中。使用"切"思路的建模师往往利用封闭的基本几何体，通过切割添加组件并调整组件位置，逐渐逼近最终造型，如图 2-29 所示。由于环形边切割封闭几何体往往不会破坏原有的规则拓扑，"切"的思路避免了很多可能出现的错误和故障。但切

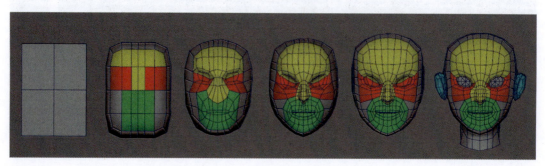

图 2-29
使用"切"思路的头部建模过程

割密度的逐步增加会破坏原有模型平滑之后的圆滑造型，因此惯以立方体切割作为基本造型手段的建模师，需要反复调整切割间距和模型轮廓，以避免生硬的转折棱角。

使用"包"思路的建模师往往通过孤立面片的拓展逐步沿着造型的轮廓铺满表面，并最终形成封闭几何实体，如图2-30所示。这是一种更为自由的造型和拓扑思路，适合头部这样具有复杂结构和较高拓扑要求的模型。但面片操作出错的可能性更高，更容易造成非规则几何拓扑，并且在各部件布线彼此连接时会花费较多的时间。

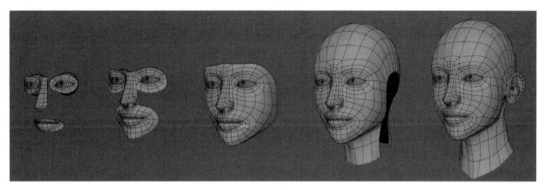

图 2-30
使用"包"思路的头部建模过程

2）三维建模拓扑的规范性要求

（1）禁止非规则几何拓扑：软件提供的虚拟三维环境与建模操作，可能会生成现实中不可能出现的模型外观以及拓扑结构。最常见的一类拓扑错误叫作"非流面"，对于三维建模尤其是动画角色模型通常都是有害的。典型的非流面包括：对边完全重叠导致面积为零的面、两面以仅共享一顶点的方式连接、超过两个面共享同一条边、相邻面法线方向相反、面重叠造成无厚度的模型实体等。一些常见的拓扑错误如图2-31所示。

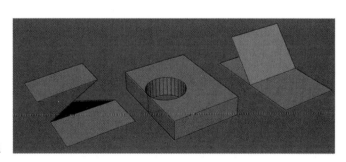

图 2-31
常见的拓扑错误

（2）软表面模型的四边面和四星点原则：即尽可能让构成模型的面均为四边面，同一顶点也只通过不多于4条的边。这个拓扑要求主要是为了平滑效果的稳定，因而对游戏模型或无须平滑的机械建筑等无此要求。通常在模型拓扑的连接过程中，三角面不可避免，但应限制数量并置于不影响平滑效果的平坦或隐蔽处。如有大于4条边的多边面出现，需要将其切割成几个四边面或三角面。超过4条边通过的多星点一般也无法完全避免，处理原则与三角面相同。

（3）动画变形对拓扑结构的需求：主要强调关节和肌肉在角色进行动画时应保持平滑自然的外观，往往通过密度适当的环形布线来保障。

2.3.2 数字雕刻与重拓扑工作流程

1. 数字雕刻的概念和特征

顾名思义，数字雕刻即是脱离物质材料，在软件虚拟的三维环境下进行雕刻的模型造型手段。数字雕刻的概念和工作流程如今已经渗透到CG、游戏制作、3D打印、手办设计等诸多环节。尽管很多三维DCC软件，包括Maya、Blender都包含了数字雕刻模块，但Zbrush仍是功能最强大、自由度最高的数字雕刻软件。或者更进一步说，是Zbrush奠定了数字雕刻的概念和标准。

以Zbrush为标准，数字雕刻相对于传统三维软件的模型环境有如下典型特征。

1）巨量面数

Zbrush里的模型最终的细节雕刻经常要细分到六级，即原始模型面数$\times 4^6$。这意味着雕刻模型成品最终的面数往往在百万甚至更高级别，但Zbrush采用的渲染环境比较特殊，巨量的模型面数并不会带来太大的系统负担和操作卡顿。

2）造型和拓扑分离

传统建模必须同时考虑布线和造型，并且对于动画、游戏角色还有更高的要求。数字雕刻则可以将二者分离，即在雕刻阶段只要当前模型的面数、结构满足造型需求，可以完全不考虑布线的影响。典型的数字雕刻流程通过先雕刻、再重新拓扑、最后烘焙贴图的顺序将造型设计和模型布线分割为两个独立的步骤，使得三维创作更符合艺术家的习惯。

3）颜色纹理和UV分离

Zbrush当中的颜色绘制和显示都基于多边形顶点着色。由于雕刻模型往往面数巨大，顶点非常密集，因此即使模型没有UV，用户借助顶点着色一样可以在模型上绘制颜色细节。当然最终在模型导出用于动画或游戏时，仍需对模型进行UV展开，将顶点着色转化为贴图。

2. Zbrush软件概述

数字雕刻软件Zbrush的界面如图2-32所示。Zbrush和主流三维软件的操作习惯有较大差异，比如菜单是按首字母顺序排列的。早期的Zbrush开发基于三维绘画的概念，因此只有进入Edit（编辑）模式才能对模型进行三维导航和雕刻，否则视图内拖曳鼠标指针将只会用当前工具对画布进行平面绘制。

1）导航操作

为配合数位板的光笔操作，Zbrush常用的三维视图导航方式如下。

（1）鼠标左键或右键拖曳旋转。此操作在空白处左键和右键都适用，但由于在模型上拖曳左键一般为雕刻操作，因而如果鼠标指针停留在模型上则只能用右键拖曳旋转。

（2）Alt+左键或右键拖曳平移。同样，如果鼠标指针悬停在模型上则只能使用右键。

图 2-32
Zbrush 软件界面

（3）Alt+左键或右键进入平移后，放开 Alt 键推拉。这个操作比较特殊，照顾到了光笔没有中键的问题。总的来看，右键导航的习惯更适合 Zbrush 的工作环境。

2）文件管理

Zbrush 中每一个模型称为一个"工具"，编辑状态下，在视图中只能对单一工具进行显示和修改。同一个工程文件下的多个工具可在工具面板中切换。每一个工具可能包含多个模型元件，称为"子工具"。Zbrush 常用文件格式有 .zpr 和 .ztl 两种。如果需要将当前文件中包含的所有模型（工具）和材质、渲染设置都存储下来，需使用 .zpr 格式，即工程文件格式。而如果只保存单个模型和附带的笔刷、着色效果，则可以在工具面板中导出当前工具为 .ztl 格式文件。

3）笔刷雕刻

雕刻需要在 Edit（编辑）模式下进行。Zbrush 提供多种笔刷来满足复杂造型模型雕刻的需求。通常情况下直接雕刻为增加材料（凸起）操作，按住 Ctrl 键雕刻为减少材料（凹陷）操作，按住 Shift 键为平滑操作。由于笔刷既可以用于雕刻也可以用于着色，因此需要注意是否激活了 Zadd/Zsub 进入雕刻的增材/减材模式，否则雕刻无法生效。如果需要对模型的材质或颜色进行编辑，也要注意是否激活了 Mrgb/Rgb/M 进入了材质颜色/颜色/材质模式。笔刷的雕刻和着色的强度分开计算，相关选项如图 2-33 所示。

图 2-33
Zbrush 的雕刻状态选项

Zbrush 作为功能强大的数字雕刻软件，有比较复杂的操作和功能设计。本书只针对 Zbrush 在高面数模型自动重拓扑上暂时无可替代的处理能力进行教学，详细全面学习 Zbrush 可参考相关学习资料。

3. Zbrush 中的自动重拓扑

作为专门为数字雕刻流程设计的软件，Zbrush 能够改变模型拓扑的手段非常丰富。如 ZRemesher、Dynamesh、"减面大师"等均可实现自动对模型重新拓扑。Zbrush 的笔刷库中还有一个专门进行手动拓扑的 Topology 笔刷。综合了对于智能化程度和拓扑结果质量的考查，本书选择 ZRemesher 继续讲解。

1）外部模型的导入

在已经安装 Maya 的机器上安装 Zbrush 会自动安装 Goz 插件。一旦插件安装并链接成功，可随时在 Maya 和 Zbrush 中使用 Goz 一键互发模型。如果因为安装顺序或选项问题导致 Goz 未链接成功，则可在 Zbrush 的"首选项"菜单中展开 Goz 选项卡，选择"强制重新安装"或"Maya 路径"选项，来尝试重新安装插件并链接 Maya 执行程序路径。

当然也可以在 Maya 中将模型文件导出为 .obj 或 .fbx 文件，然后在 Zbrush 的工具栏中单击"导入"按钮用文件中的模型替换当前工具。如果此时处于激活 Edit 的编辑模式，则完成了模型的导入。如果在"绘制"模式下导入，则还需要在视图中拖曳绘制模型，然后切换到编辑模式。如果在这个过程中有额外不需要的笔刷效果停留在画布视图内，可按 Ctrl+N 组合键清屏，正在被编辑的工具中的模型不会被清屏影响。

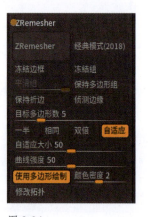

图 2-34
ZRemesher 选项

2）ZRemeher 基本操作和参数

ZRemesher 面板在右侧的"几何体编辑"选项卡中部，单击展开可以看到按钮和参数设置，如图 2-34 所示。单击面板的 ZRemesher 按钮即可将模型进行自动重拓扑。左右对称的模型需提前按 X 键激活对称，再执行重拓扑确保结果的对称。面板中部分重要参数会影响重拓扑结果。

（1）目标多边形数：控制重拓扑之后模型的面数，单位是万面，默认为 5 万面。也可单击"一半""相同"或"双倍"快捷控制目标面数。

（2）使用多边形绘制：如果激活了该选项，则可以通过绘制密度颜色来控制重拓扑模型不同区域的面数精度。大于 1 的数值会让绘制区域重拓扑之后面数变高，网格变密，对应的颜色偏向红色。而小于 1 的数值则相反，会让绘制区域面数变低，对应的颜色偏向蓝色。ZRemesher 的多边形绘制对重拓扑结果的影响如图 2-35 所示。局部密度控制是 Zbrush 相比其他软件重拓扑功能的一大核心优势。

3）ZRemesher Guide 笔刷

针对动画角色模型拓扑结构的细致要求，Zbrush 还提供了一个单独的笔刷为 ZRemesher 重拓扑的结果提供布线走向上的引导，这就是 ZRemesher Guide。使用该笔刷可以在模型表面绘制曲线。对于需要环形边的眼眶和嘴周围，这种拓扑辅助控制显得尤为必要，如图 2-36 所示。

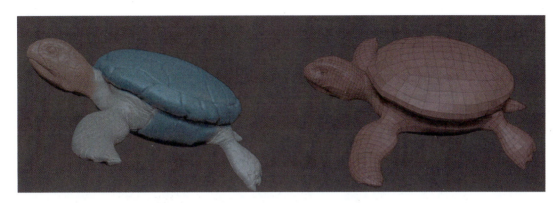

图 2-35
密度颜色绘制和对重拓扑结果的影响

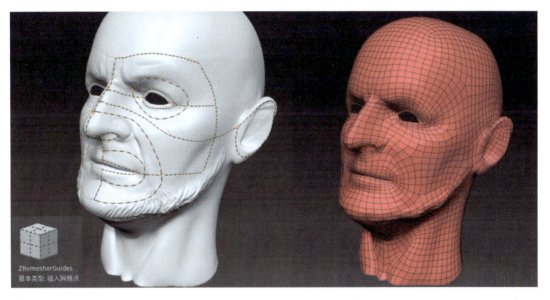

图 2-36
ZRemesher Guide 对重拓扑结果的影响

即使与多边形绘制功能配合使用，ZRemesher Guide 也并不能保证拓扑结果一定符合预期。环形线的引导结果往往会出现螺旋形状的布线，以及拉伸较严重的连接关系。因此仅建议对布线要求不高的，尤其是静态模型使用 ZRemesher。而对于更加严格精密的重拓扑需求，则建议使用手动重拓扑。

4. ZRemesher 自动重拓扑实例

此实例接续 Reality Capture 对校园雕塑进行照片三维重建的结果，将其处理为可供 AR、VR 交互及游戏引擎使用的重拓扑模型。

1）模型导入

Reality Capture 导出的 .obj 格式文件可以很容易导入 Zbrush，注意提前清理不需要的部分。此时模型显示的面数是 4734 万面，如图 2-37 所示。

图 2-37
Reality Capture 重建模型导入 Zbrush 的效果

2）颜色密度绘制

设定目标多边形数为 1，启用多边形绘制，将结构细节需要保留的部位，如手和脸刷为 2 倍或 4 倍密度。

3）执行重拓扑

单击 ZRemesher 按钮，等待一段时间后得到重拓扑结果，此时显示模型面数为 11750 面，该面数模型在大多数三维软件可流畅处理，也可导入游戏引擎用于交互开发。颜色密度绘制和相应的重拓扑结果如图 2-38 所示。可以看出尽管进行了密度颜色绘制，这种幅度的重拓扑减面还是造成了模型细节的损失。

4）结果导出

Zbrush 中任意阶段进度都可以暂存为 .ztl 或 .zpr 格式。重拓扑完成后，可以选择使用 Goz 功能将模型发送至 Maya 或其他支持的三维 DCC 软件，也可以选择在工具面板中导出模型为常用格式。

5）后续处理

重拓扑模型不会保留原始高模的 UV 信息，因此需要重新对其进行 UV 展开才能烘焙和赋予贴图。在不需要手绘贴图的前提下，此类单体模型的 UV 展开相对比较简单和随意。

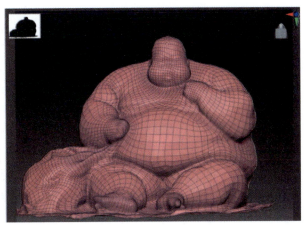

图 2-38
Reality Capture 重建模型的自动重拓扑效果

2.4 贴图烘焙对三维生成内容的还原

重拓扑得到的模型面数尽管符合如 CG、游戏、交互等应用领域的需求，但往往会在拓扑过程中损失造型和色彩细节。对于那些从细节较多的高模拓扑出来的低模，为了获得和高模近似的显示效果，通常只能通过贴图在低模上烘焙高模细节，存储和还原凹凸及色彩信息。

2.4.1 法线贴图与次时代工作流

由于三维制作和实时显示始终依赖显卡的硬件机能，三维渲染环境往往对模型面数有较明确的限制。尤其在游戏制作中，同屏幕面数直接影响了显示和操作的流畅性。因此以游戏三维美工为代表的工作流必须依赖贴图来表现模型的显示细节。这种趋势在追求视觉效果突破的"次时代"主机游戏竞争中尤为突出。除去以贴图记录材质的颜色、粗糙度、高光等属性之外，模型表面的凹凸细节也可以用贴图记录和模拟。这种需求在游戏美术领域通常借助法线贴图来实现。使用法线贴图和未使用法线贴图在表面凹凸细节上的效果对比举例如图 2-39 所示。

1. 法线贴图的基本原理

和使用灰度记录信息的凹凸或置换贴图不同，法线贴图使用 RGB 彩色信息，记录凹凸细节相对于低模表面的法线偏转。由于法线代表了垂直于模型表面指向外部的方向，而渲染光照计算又依赖灯光方向与模型法线之间夹角的数学运算，因此记录了法线偏转也就意味着捕捉到了模型表面凹凸的"上坡"和"下坡"信息。最常见的法线贴图是切线空间法线贴图，即以 UV 贴图空间为基准，以红色通道记录法线在 U 向上的偏转，以绿色通道记录法线在 V 向上的偏转。在 8 位 RGB 法线贴图中，红绿通道取值 0~127 表示 −90° 到 0°

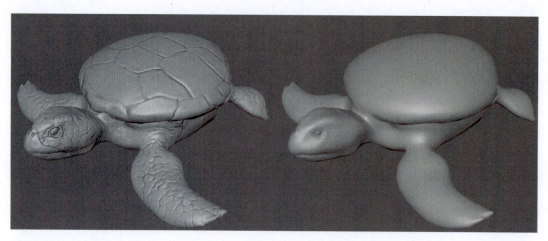

图 2-39
法线贴图对凹凸细节的影响

的负向偏转，128~255 表示 0°到 90°的正向偏转。因此无凹凸细节时，法线贴图颜色即为 RGB 取值（127，127，255），显示为常见的淡蓝紫色。

需要注意的是，法线贴图在塑造模型凹凸细节时，并不会真的让模型产生凹凸变形。更确切地说，法线贴图不会改变模型的轮廓。因此尽管法线贴图已经广泛应用于三维游戏美术领域，但在 CG 动画制作中，像 Maya 这样的软件仍倾向于使用传统的，基于灰度的置换贴图制作模型凹凸细节。在主流渲染环境下，置换贴图与渲染细分结合使用，可以让模型表面真实地产生凹凸变化，这一点对于电影级画面标准的三维制作非常重要。

2. 法线贴图的分类和常见错误

法线贴图通常不能手动绘制，而必须由凹凸细节较多的高模向面数较低的底模烘焙来得到，但部分软件工具和在线平台，支持将灰度凹凸贴图转化为法线贴图。如图 2-40 所示为使用灰度图生成法线贴图的 NormalMap-Online。该平台也支持用四张光照方向不同的照片来生成法线贴图。

一个经常令初学者困惑的问题是法线贴图的红绿通道计算方法有两种格式标准，即 OpenGL 标准和 DirectX 标准。OpenGL 法线是大多数三维 DCC 软件使用的标准，直观表现为法线贴图上，表示凸出范围的 U 向正向（右侧）偏向红色，而 V 向正向（上方）偏向绿色。DirectX 法线是虚幻引擎使用的法线贴图标准，其表示凸出范围的红通道变化与 OpenGL 一致；但选择 V 向负向（下方）偏向绿色表示凸起。二者的直观差异如图 2-41 所示，两张法线贴图中心的圆形均表示凸起。

如果不确定法线贴图上的颜色变化代表凸起还是凹陷，则还有一个辨别 OpenGL 和 DirectX 法线贴图的方法，即沿图形范围边缘观察颜色变换顺序。如颜色按红、橙、黄、绿、青、蓝、紫逆时针排列，则法线贴图为 OpenGL 标准。反之如顺时针排列则为 DirectX 标准。如果法线贴图需要在两种标准间相互转化，则只需要在图片处理软件中反转绿色通道即可实现。

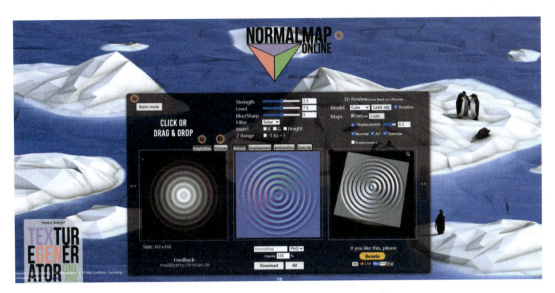

图 2-40
在线法线贴图平台 NormalMap-Online

图 2-41
OpenGL 和 DirectX 法线贴图

Zbrush 这样的雕刻软件，与 Maya 等大多数三维 DCC 软件都带有高低模贴图烘焙功能，但在生成效率和烘焙结果上都存在较明显的缺陷。因而用户往往需要借助专门的软件去提升高低模烘焙贴图的质量。

2.4.2　Marmoset Toolbag 高低模贴图烘焙方法

Marmoset Toolbag 是 8 Monkey 公司制作的实时渲染预览软件，一般称为"八猴"。由于其渲染环境和效果与游戏引擎接近，常用于游戏美术资源的预览和展示。Marmoset Toolbag 与 Zbrush 一样支持巨量面数多边形的显示交互和顶点着色，并且拥有从高模投射材质和凹凸细节给低模的贴图烘焙功能，因而可以避免 Zbrush 模型细分等级之间贴图烘焙经常出现的一些问题。目前在贴图烘焙功能上，Marmoset Toolbag 仍是操作直观、结果优良的最佳选择；在接下来的案例中，仅展示软件功能中与贴图烘焙有关的模块和操作。Marmoset Toolbag 的软件界面如图 2-42 所示，导航操作习惯和 Maya 一致。

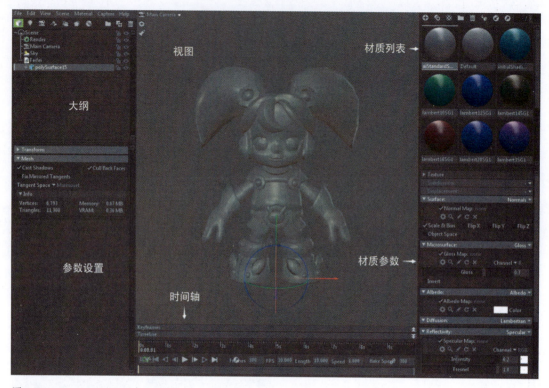

图 2-42
Marmoset Toolbag 软件界面

以下介绍使用软件进行高低模法线贴图烘焙的流程。

1）新建烘焙

在菜单下方的工具中，单击面包形状的图标创建一个新的烘焙，则大纲中会出现一个 Baker 烘焙器对象，其下包含一个 Baker 集，分别有 High（高模）和 Low（低模）两个空集。大纲中各对象集合关系可参考图 2-43 所示。

2）导入高低模

首先必须在 DCC 软件或雕刻软件编辑过程中，保证高低模在各自文件中的位置和尺寸比例一致，并分别导出为常用模型格式。然后用 File（文件）菜单下的 Import Model（导入模型）将高模和低模分别导入，大纲中会出现对应的模型对象。注意为了烘焙贴图，低模必须已展好 UV。最后在大纲中拖曳高模至 High 高模集下，拖曳低模至 Low 低模集下。此时高低模在视图中应显示为相互重叠。

3）设置烘焙参数

Baker 烘焙器选中时，可在参数设置中修改和烘焙结果相关的主要参数，如图 2-44 所示。

（1）Output（存储路径）：设置烘焙贴图输出的文件路径和文件名，默认为 .psd 格式。

（2）Resolution（贴图尺寸）：设置输出贴图文件的分辨率，默认为 2048×2048 像素。注意贴图尺寸一般都是 2 的整数次幂，如 512×512 像素、1024×1024 像素、4096×4096

图 2-43（左）
创建和设置烘焙集

图 2-44（右）
烘焙参数

像素等。

（3）Maps（贴图设置）：设置烘焙的贴图类型清单，默认勾选 Normals（法线），即切线空间法线贴图。其他的选项如 Normals（Object）（物体空间法线）、Curvature（曲率）、Ambient Occlusion（环境光阻塞，一般简称 AO）、Material ID（材质标记）等可根据需求勾选。其他隐藏的可烘焙贴图需单击 Configure（配置）按钮调出 Configure Maps（配置贴图）面板加选。如 Height（高度）贴图，以灰度记录模型凹凸，可作为置换贴图使用；Albedo（颜色贴图）、Vertex Color（顶点颜色）均为常用可烘焙贴图。

4）烘焙贴图

Baker 烘焙器选中时，单击 Bake 烘焙按钮，则从高模向低模烘焙所有勾选的贴图并导出。不同类型的贴图会以文件名后缀加以区分。事实上，贴图烘焙质量还有一个影响因素就是低模包裹框（Cage）。单击低模集可在 Cage 一栏编辑包裹框相关参数以及局部绘制包裹框偏移量。低模包裹框对高模的覆盖越好，自相交程度越低，则烘焙效果越好。详细编辑方法在此不再赘述。

需要注意的是，如果要将高模的颜色信息烘焙给低模，则需要区分贴图颜色和顶点颜色两种情况。前者需要在高模材质参数中导入 Albedo Map，即颜色贴图，然后在烘焙器参数的贴图设置中勾选 Albedo 才能正确烘焙输出。后者则需要勾选 Vertex Color 才能将高模的顶点颜色烘焙为低模的颜色贴图。

2.4.3 低模与贴图的渲染还原

根据使用的渲染环境不同，烘焙好的贴图在低模上的使用方法也有差别。此处使用 Maya 自带材质球和节点，讲解烘焙贴图尤其是法线贴图在低模上还原高模渲染效果的要点。

1. Maya 的材质赋予

由于渲染器的更新，Maya 自带材质球目前其实已较少使用，但由于参数简单，兼容性良好，仍适合作为基础材质效果和渲染预览工具使用。工具架的"渲染"选项卡下，有六个基本材质球图标，从左至右分别是：标准曲面、各向异性、Blinn、Lambert、Phong 和 PhongE，如图 2-45 所示。目前较常见还在使用的是 Blinn、Lambert 和 Phong，Maya 的默认材质即是一个 Lambert 材质，它没有高光参数，仅有公用材质属性。标准曲面材质来自 Maya 自带的 Arnold 渲染器，材质参数有较好的中文化，但实际应用时更推荐在 Arnold 的 Shader（着色器）中创建当前版本的标准材质球。

Maya 中的材质赋予有以下三种方式。

（1）选择模型对象，单击工具架上的材质球图标，则可新建该类型材质并直接赋予当前选中的模型对象。

（2）将鼠标指针悬停在目标模型上，在 Shift+ 右键热盒下方，可以找到"指定新材质"和"指定现有材质"选项。单击前者会弹出材质类型选择窗口，单击需要的材质类型即可新建该材质并赋予当前模型。悬停在后者则会弹出现有材质列表，按材质名称选择已经存在的材质球即可赋予当前模型。因此在材质创建后，最好能及时将其修改为容易辨识的名称。

场景中包含的材质球都可以在 Hypershade 面板中找到，面板按钮和材质列表如图 2-46 所示。选择模型对象，在 Hypershade 的材质列表中已有材质球上按住鼠标右键调出热盒，选择"为当前选择指定材质"选项即可将该材质赋予选中的模型。需要注意的是，Hypershade 不仅是材质编辑面板，也是 Maya 各种对象节点连接关系的浏览器，因而系统资源负荷较大。若非必要，在进行常规操作尤其是执行插件指令时最好保持 Hypershade 为关闭状态，否则会显著拖慢软件执行效率，增加程序崩溃的风险。

图 2-45（左）
Maya 自带材质球

图 2-46（右）
Maya 的材质编辑器 Hypershade

2. Maya 材质球的颜色贴图

材质属性可以在创建时进行修改，如需事后修改，有两种方法可以找到已经创建的材质。一种方法是在 Hypershade 中的材质列表中单击选择想要修改的材质，再开启属性编辑器修改参数。另一种方法是选择已被赋予材质的模型物体，打开属性编辑器的最右侧一个选项卡通常是该模型的材质参数。也可在模型右键热盒中找到"材质属性"选项调出材质参数。属性编辑器开关按钮与材质选项卡位置如图 2-47 所示。图中的 lambert1 是 Maya 为所有新建模型自动赋予的默认材质。

打开 Maya 自带材质球的"公用材质属性"，即可在对应属性通道调用贴图文件。

1）新建颜色贴图

可以单击"颜色"后的色块选取颜色改变材质的固有色。色块后的滑动条是明度控制。凡有棋盘格图标的属性通道意味着该处可使用贴图控制，单击则弹出"创建渲染节点"面板，单击"文件"图标即可创建文件纹理，即调取外部贴图文件。此时属性编辑器自动切换到文件纹理属性，可单击"图像名称"后的文件夹图标找到外部文件中的颜色贴图。材质颜色调用贴图的过程如图 2-48 所示。为避免工程迁移时贴图文件丢失链接，强烈建议使用设置项目路径的方式管理 Maya 工程涉及的所有文件。

2）检视和编辑颜色贴图

连接过贴图之后材质属性对应通道的棋盘格会变为箭头方块图标，表示此处已连接了

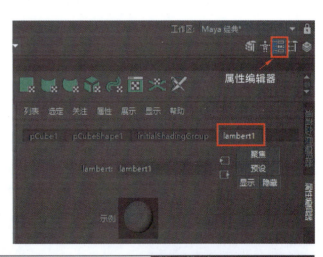

图 2-47（右）
Maya 属性编辑器中的材质选项卡

图 2-48（下）
在 Maya 材质上创建和导入贴图

纹理。单击可查看纹理属性，若为文件纹理即可修改贴图路径或导入参数。注意除非有特殊规定，所有直接用于渲染的颜色贴图"颜色空间"均为 sRGB，其他类型的贴图则有可能涉及修改颜色空间。

3. Maya 中法线贴图的调用和规范

材质球公用材质属性中的"凹凸贴图"通道比较特殊，没有色块也没有滑动条。这意味着材质的凹凸效果仅能通过纹理来实现和控制。

1）新建凹凸贴图

与颜色贴图类似，可单击"凹凸贴图"通道后的棋盘格创建纹理。在弹出的"创建渲染节点"面板，单击"文件"图标创建文件纹理。比较特殊的是此时并不会直接弹出文件的属性编辑器，而是会打开一个 bump2d 面板窗口。

2）修改凹凸类型

默认情况下 Maya 的 bump2d 节点的"用作"一栏处在"用于凹凸"模式，即使用灰度表示凹凸信息。需将其下拉修改为"切线空间法线"才能与烘焙得到的法线贴图对应。修改后单击"凹凸值"后方的箭头方块图标，则会进入文件纹理的属性编辑器去调用法线贴图。Maya 基本材质球的凹凸贴图通道和 bump2d 节点参数如图 2-49 所示。

图 2-49
在 Maya 材质法线贴图的连接和设置

3）Maya 法线贴图规范

Maya 中的法线贴图使用的是 OpenGL 标准，因此在导入前需确保文件符合该标准。检查方法和修改方法在上文中已有说明。

尽管同样是彩色贴图，法线贴图的 RGB 通道不是用来存储颜色信息，而是用来存储法线偏转数据的。因此，和 Maya 的 PBR 标准下粗糙度、金属度等贴图类似，法线贴图的颜色空间需改为 Raw 才能获得正确的预览和渲染效果。为防止在重新导入贴图时颜色空间发生变动，可选中"忽略颜色空间文件规则"选项。

如果事后想要修改 bump2d 节点，从材质球公共材质属性中单击箭头方块图标只能转到文件属性编辑器。事实上 Maya 中的大多数对象都是通过节点连接的方式相互关联和影响的。文件作为材质节点网络中的一个中间节点，在上方名称右侧有"箭头方块"和"方块箭头"两个图标，分别代表"转到上游节点"和"转到下游节点"。bump2d 是凹凸贴图文件节点的下游节点，单击方块箭头图标即可找到。更多、更清晰和精确的节点化操作需要依赖 HyperShade 进行。Maya 法线贴图的颜色空间设置，与节点上下游导航图标如图 2-50 所示。

如果要更加直观地理解 Maya 中基于节点的材质贴图连接关系，可以打开 HyperShade，选中目标材质球，然后单击节点视图上方的"输入和输出连接"图标即可查看当前材质在上游和下游与贴图和渲染节点之间的连接。如图 2-51 所示。也可以单击左右两侧的图标只调出当前选择对象输入或输出连接的节点。

图 2-50（右）
凹凸贴图文件节点的选项

图 2-51（下）
连接了颜色和法线贴图的材质节点

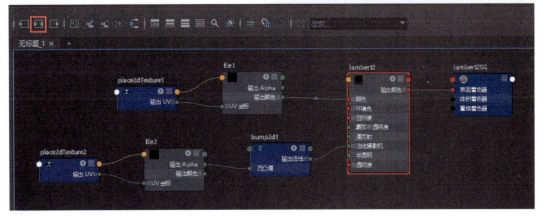

在这个节点连接图中,来自左侧的上游节点将自己包含的属性信息,如颜色、Alpha 等,作为输出连接到下游节点的输入通道上。这里可以轻易找到 bump2d 节点,它介于法线贴图文件节点和材质节点之间。这里还可以在最左侧找到自动创建的贴图坐标节点 Place2dTexture,在最右侧找到着色组节点 SG(Shading Group)。在制作无缝贴图平铺和置换贴图时会用到这两个节点,目前无须对它们进行修改。

4. 低模使用烘焙贴图后的渲染效果

将案例中照片重建的模型作为高模,将 Zbrush 中利用 ZRemesher 自动重拓扑并且展开 UV 的模型作为低模。用八猴烘焙颜色和法线贴图。将低模导入 Maya,新建 Lambert 材质并赋予模型,调用烘焙得到的颜色和法线贴图,辅助简单的灯光环境,则得到的预览效果如图 2-52 所示。此时 11748 面的低模表现出了和 400 万面的高模一致的视觉效果。

图 2-52
重拓扑模型结合法线贴图在 Maya 中的显示效果

本章小结

早在 AIGC 出现之前,三维数字化技术在视觉还原实物对象上的能力,已在科学研究和虚拟交互领域激发了稳定的需求,促进了相关软硬件和专业岗位的发展。如今在 AIGC 的帮助下,拥有三维艺术知识和工具使用经验的从业人员,得以摆脱对复杂昂贵硬件设备的依赖,可以用更低廉的成本、更自由的工作环境和更便捷直观的工艺流程,完成实物的三维重建工作。这些 AIGC 可辅助的模型采集或生成方式,也可为艺术创作提供更多样的数字资产来源,摆脱手动建模较为复杂的来自造型和拓扑标准的双重约束。脱胎于数字雕刻工作流程的重拓扑建模思路,以及贴图烘焙工作流程,在 AIGC 建模目前尚不成熟的阶段,乃至未来发展的更长一段时间内,都仍是三维艺术设计师面对生成式模型资源最适配的、必须掌握的技术方法。

思考与练习

选择适合的实物对象,利用拍照或视频重建模型的方式将其记录为三维模型。然后对模型进行重拓扑、烘焙贴图,使之形成面数和拓扑结构合适,可用于游戏开发、XR 交互等领域的三维模型。

第 3 章

AIGC 与三维数字形象生成

教学资源

随着人工智能技术的不断进步，数字虚拟形象已成为连接 AIGC（人工智能生成内容）和"元宇宙"概念的核心要素。这些虚拟形象不仅赋予了人工智能以人格化的特征，使其能够与人类进行更加自然的语言交互，还通过模拟共情的方式，建立起以人为中心、以场景为单元的全新连接体验。

数字经济时代的到来，为我国传统文化的传承与创新提供了新的机遇。我国正致力于将传统文化、红色文化等题材内容与流行文化及数字传播手段相结合，以此强调中华文明的连续性和创新性。文化名人、传说典故、地方非物质文化遗产和特色物产，都可以通过精心设计的虚拟数字角色，转化为具有地方特色的文化名片。这种转化不仅能够提升城市或地区的知名度和美誉度，还能创造出超越产品本身更高的文化和经济价值，为文旅产业注入新的活力。例如，学生作品基于东南亚爱国华侨的历史资料设计的三维卡通 IP 虚拟数字形象，就是这一创新实践的生动体现，如图 3-1 所示。此外，虚拟数字形象在文旅行业的应用还体现在多个方面，如作为博物馆和景区的智能导游、文旅 IP 和城市形象代言人，以及延伸文旅产业链等。这些应用不仅丰富了游客的体验，也为文旅行业的数字化转型提供了新的思路和工具。

图 3-1
爱国华侨文化卡通形象 IP 设计

3.1 AIGC 三维建模的技术基础与平台比较

模型是三维艺术设计的基础，尽管部分 AIGC 平台已经可以通过文字、图片或实拍视频生成效果非常接近三维渲染的影像内容，似乎已经可以避免需要付出大量劳动的建模、绑定、材质、渲染环节直接生成结果。但如果需要进行专业的动画表演和镜头合成，或者服务于游戏设计、VR、AR 等领域，三维建模仍然是必要步骤。不过 AI 技术已经可以为传统的建模流程提供一定的辅助和支持。目前，AI 在三维建模领域的应用主要集中在：生成式建模、深度学习模型规范性、结合传统技法的流程创新等方面。这些方法可以应用于各种场景，包括建筑设计、游戏开发、虚拟现实、工业设计等领域。尽管 AI 建模技术的成熟程度和生成效果，普遍未能达到 AI 绘图那样可代替手工劳动的质量，但现有平台和成果也已经展示了 AI 参与三维建模流程的潜力，值得通过学习将 AIGC 技术成果纳入三维工作流程之中。

教学视频

3.1.1 AIGC 建模的基本工作方式

和 AI 生成图片类似，AI 三维建模目前也分为文生模型和图生模型两种典型应用，大部分 AI 建模平台都兼容这两种工作方式。从搭建和访问功能的方式上，AIGC 建模平台可分为线上部署和本地部署两种。用户可以从生成速度、硬件要求、费用等角度选择使用。目前 AI 建模线上平台有 CSM、Meshy、Artefacts、Tripo AI 等。开放源代码的 AI 建模平台则往往兼有线上和本地部署方式，如 Wonder 3D 和 TripoSR。

同前文提到的 Reality Capture 这样多视图生成模型的软件平台相比，绝大多数 AI 建模平台均可以通过单一视图对参考图所包含的对象进行智能归类，并计算出其他视图中的轮廓，从而生成三维模型。这对于没有实物，只是通过 AI 绘图生成单一视图的三维风格图片来说，实现了 AI 绘图和 AI 三维建模的流程对接。如 AI 建模平台 Wonder 3D，就可以通过单一视图的物体或角色图片智能估测出其他 5 个视图,从而进一步计算三维模型。官方演示效果如图 3-2 所示。

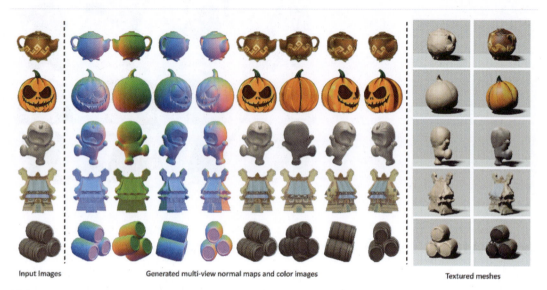

图 3-2
Wonder 3D 通过单一视图智能计算其他视图并转化为模型

3.1.2　AIGC 建模平台的比较和生成结果评价

对于已有设计能力,对设计方案细节要求较高的用户;或是已经熟练掌握 AI 绘图工具,希望三维模型与设计图之间匹配更精确的应用场合,AI 图生模型显然更具备实用价值。因此,本书首先将重点放在了 AI 图生模型平台的流程和生成效果上。我们考虑了平台的部署难度、平衡质量和等待时间,筛选了线上 AI 建模平台 Meshy、Artefacts、Tripo AI,以及可本地部署的 AI 建模平台 TripoSR 进行测试。从对接应用的角度出发,AI 建模平台测试选择前面章节用 AI 生成的三维风格效果图作为基础,对生成结果进行比较,总结目前 AI 建模算法普遍的特点和缺陷,并评估其融入三维艺术制作流程的可行性。使用的图片和平台如图 3-3 所示。

图 3-3
进行 AI 建模测试的角色效果图

1. Meshy

Meshy 是一个 AIGC 线上三维生成工具箱,能够轻松从文本或图像来创建 3D 资源,适用于 3D 艺术家、爱好者、XR 开发者、游戏制作者和设计师。用户只需输入一组简单的提示信息,便可以在几分钟内创建高质量的纹理和三维模型。目前,Meshy 的工具包括文本生成模型、图片生成模型、AI 材质生成和文本生成体素。用户需支付积分生成和细化三维模型或贴图资源，新用户有一定数量的赠送额度。操作界面和生成效果如图 3-4 所示。

图 3-4
Meshy 图生模型的结果

1）Meshy 平台的优势

（1）整体轮廓尚可，对角色发辫这样的结构从体积和方向上还原得都不错，但局部细节由于智能识别效果有限，会存在一定的偏差。

（2）贴图与参考图契合，还原效果较好，并且平台会根据参考图自动补充背面的贴图。

（3）有事后进行重拓扑的功能，可选择四边面输出，但效果较差，不建议使用。

2）Meshy 平台的缺陷

（1）模型结构不平滑，棱角和褶皱过多，这一点在几乎所有部位的表面都存在。

（2）智能识别造成了模型与设计图之间的偏差。例如，由于 AI 对角色嘴型的识别问题，生成结果的鼻子和嘴出现了明显的尖锐突出，更类似动物的造型。

（3）在学习阶段，收费平台很难稳定充当 AIGC 三维工具。

2. Artefacts

Artefacts 线上 AI 建模平台，支持文生模型和图生模型两种模式。允许在图生模型的同时使用关键词，生成过程分为预览（preview）和细化（refine）两步，需支付积分生成和下载。最终生成效果如图 3-5 所示。

1）Artefacts 平台的优势

（1）破面和尖锐突出较少，模型整体轮廓平滑。

（2）角色肢体有智能识别优化，肢体部位之间界限清晰，转折结构准确。五官有模糊的结构对应参考图，能较容易地分辨鼻子、耳朵。眼球范围有突出结构。

2）Artefacts 平台的缺陷

（1）角色模型生成结果和设计图有出入，面部五官的表现尤其脱离设计图，感觉是用已有模型变形和拼合出来的。

（2）贴图和原图差异较大，补充了一些不必要的细节，似乎是用已有角色的贴图拼接出来的。角色贴图如图 3-6 所示。UV 贴图破碎是目前所有 AIGC 三维建模平台的通病。

图 3-5（下）
Artefacts 图生模型的结果

图 3-6（右）
Artefacts 图生模型的颜色贴图

（3）Z 轴上的模型结构，即画面纵深向的识别效果不佳，如耳朵过于靠后、后脑勺突出、发辫角度太死板等。

（4）在学习阶段，收费平台很难稳定充当 AIGC 三维工具。

3）对比总结

Artefacts 的图生模型智能化程度更高一些，已经体现出了针对角色建模的一些优化效果，但也因此损失了一些相对原图的视觉匹配准确度，造成结果和设计图的分离。Meshy 在 2024 年 5 月更新 Meshy 3 之后对旧版本的常见错误进行了修正，也开始加入了一些智能化的识别和生成效果。贴图对设计图的还原更好，但在模型和贴图的细节上仍然会出现偏差。二者的线框图对比如图 3-7 所示。

另外 AI 建模 UV 破碎和模型拓扑布线不佳的通病仍然存在。目前各 AI 建模平台均支持将生成结果以 .obj、.fbx、.glb 等多种格式导出，模型与贴图文件打包下载。

3. Tripo AI

Tripo 线上 AI 建模平台，支持文生模型和图生模型两种模式，生成过程分为预览（preview）和细化（refine）两步，从生成到下载都需要积分，免费用户每月有一定额度的积分赠送。Tripo 图生模型的材质贴图表现是各平台截至 2024 年 5 月还原度最高的，如图 3-8 所示。

图 3-7（右）
Meshy 3 和 Artefacts 图生模型导入 Maya 之后的布线比较

图 3-8（下）
Tripo AI 图生模型的结果

1）Tripo AI 平台的优势

（1）贴图非常还原输入的设计图，同时角色背面补充生成的贴图过渡自然，与设计图风格一致。但前后交界处仍有明显瑕疵。

（2）整体结构清晰，错误较少。对称模型的两侧总能找到一侧的结构还原质量较好，甚至在设计图姿势角度不佳的情况下识别出了手指。这一点为后续的重拓扑提供了一个很好的基础。

（3）拥有风格化选项和重拓扑功能，提示词支持多语言，有自动绑定功能。

2）Tripo AI 平台的缺陷

（1）尽管号称具有自动绑定功能，但目前关节分布和权重结果不理想。

（2）局部会有转折生硬及细节结构粘连的缺陷。Tripo AI 生成模型在 Maya 中浏览素模和线框效果如图 3-9 所示。

4. TripoSR

TripoSR 是 Stability AI 与 Tripo AI 联合推出的开源单图生成 3D 模型平台，可线上部署也可本地部署，仅支持图生模型。TripoSR 速度是目前所有 AI 建模工具中最快的，在默认参数下 6 秒即可生成模型。目前本地部署和线上平台均免费，生成效果如图 3-10 所示。

图 3-9
Tripo AI 图生模型的素模和线框

图 3-10
TripoSR 图生模型的结果

合作开发 TripoSR 是 Tripo AI 对 AIGC 三维艺术普及非常重要的支持。

1）TripoSR 平台的优势

（1）免费开源，可本地部署。

（2）生成速度快，且主要结构误差小，细节结构丰富。

2）TripoSR 平台的缺陷

（1）生成模型不包含 UV 信息，无法导出贴图，模型颜色信息完全由顶点着色提供，细节较差，读取较困难。

（2）模型拓扑结构体素感过强，导致边缘的锯齿较明显。由于部分细节如眼球是依据设计图的明度信息生成的，因此结构不符合预期。

（3）角色智能识别算法不完善。如本案例中的角色生成结果嘴部突出，耳朵向后伸展变尖，似乎是被识别成了某种动物角色。

（4）很多时候模型会被左右翻转，需要手动矫正。

TripoSR 虽然也支持导出 .obj 格式的文件，但其中的顶点颜色信息 Maya 不能直接识别，需通过 Blender 导入，开启显示信息中的"属性"才能调出顶点着色效果。具体方法如图 3-11 所示。模型再次导出后颜色信息才能被 Maya 读取，读取效果如图 3-12 所示。

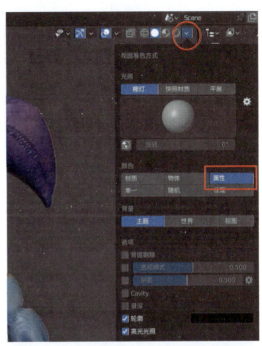

图 3-11（右）
Blender 调出 TripoSR 模型颜色信息

图 3-12（下）
Maya 导入 TripoSR 图生模型的素模细节和顶点着色效果

3）Maya 软件内调出顶点着色信息的方法

Maya 默认只能看到材质渲染结果，不会显示顶点着色。因此 Maya 导入由 TripoSR 生成，并由 Blender 调出颜色信息后导出的模型时，需要在当前工具架的工作状态为"建模"时选中模型，选择"网格显示"菜单下的"切换显示颜色属性"命令，才可以看到模型的顶点着色效果。具体指令位置如图 3-13 所示。

图 3-13

Maya 调出 TripoSR 图生模型的顶点颜色

5. AIGC 建模平台对比结果

AI 建模仍在快速发展,但目前图生模型在造型准确度和贴图还原方面还达不到产业应用标准。AI 建模普遍存在着细节还原模糊,不同元件之间界限不清楚,UV 破碎,面数偏高,拓扑结构平均且三角面化,经纬线走势不清晰等问题。经过对 AI 建模平台的比较,截至 2024 年 5 月,从造型还原和较少错误的标准去评价,Tripo AI 的效果最贴近直接应用的需求,并且适合继续进行重拓扑流程。TripoSR 则具备开源和本地部署的独特优势,生成结果在各平台间对比表现也可圈可点。

3.2 AIGC 三维角色模型的修正和重拓扑

本节使用 Maya 当中的雕刻和建模工具包等功能,按照对接影视动画角色建模的标准,兼顾游戏模型的需求,对 AIGC 模型进行重新拓扑。案例结果满足一般模型造型要求和面数限制,强调规则几何拓扑和布线对动画变形的适应,最终效果如图 3-14 所示。

教学视频

图 3-14
教学案例效果

3.2.1 AIGC 模型的预处理和雕刻修型

1. 文件的导入

在 AIGC 生成的模型格式中，.obj 和 .fbx 格式文件均可直接拖入 Maya 导入。.glb 格式的模型则只能用 Blender 一类的软件打开。通常导入的模型需要调整朝向和比例。和前面章节内容一致，上述操作也可以在通道盒中以精确数值控制。

模型的颜色信息如果是顶点着色，则可按照前一节说过的方式调出；如果是贴图，则需要为模型赋予材质，并在材质的颜色通道上连接文件纹理来调用贴图文件。通常文件导入的时候会已经带有材质并自动连接贴图。

由于 AIGC 模型普遍与输入的设计图之间存在误差，因此设计图也需要以图像平面的方式导入 Maya 的前视图作为参考。

1）进入前视图

如前视图不在当前视图布局内，则在左侧的视图预设中找到标准四视图，并找到标有 Front-Z 的前视图。

2）调用参考图

单击视图上方的图像平面图标，选择 AI 生成的正面效果图文件，即可在 Maya 中导入参考图，并显示在所有视图的中央位置。

3）调节图像平面参数

在前视图中移动图像平面至正确的位置，打开属性编辑器，如图 3-15 所示。在图像平面的 Shape 选项卡找到 Alpha 增益参数，将其降低至 0~1 之间使参考图半透明显示。参数位置如图 3-16 所示。

图 3-15
属性编辑器位置

4）为图像平面创建图层

为了锁定图像平面防止误操作导致参考图错位，以及为了控制图像平面的显示隐藏，一般可将图像平面放置在图层中。其他模型对象如需锁定及频繁切换显示隐藏状态，也可

图 3-16 导入图像平面并修改参数

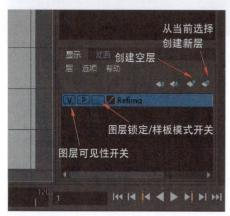

图 3-17 图层面板

放在图层中管理。图层可在通道盒最下方访问，具体位置和各部分功能如图 3-17 所示。用户可以选择模型对象然后单击"从当前选择创建新层"图标即可新建一个包含当前选中物体的图层。用户也可以选择先单击"创建空层"图标，新建一个图层。然后再选中需要的对象，在图层上右击，在弹出菜单中选择"添加选定对象"命令，将选中的对象放入图层。同样也可以选中已在图层中的对象，在此图层的右键菜单中选择"移除选定对象"命令，将物体移出图层。

图层锁定开关为 R 时，层内物体无法从视图选中；为 T 时以灰色线框模式显示，也无法被选中。注意和二维绘画软件的图层不同，Maya 中删除图层不会导致其中的对象被删除，图层上下叠放顺序也不代表任何意义。双击图层可修改图层名称。

2. AIGC 模型的预处理

案例选择 Artefacts 生成的模型作为基础进行接下来的工作，可以较为典型地讲解当 AIGC 三维模型对设计图还原存在一定偏差和造型错误时，如何在重拓扑的同时加以矫正。导入 Maya 后，可以注意到模型初始由全三角形面片组成，无破碎和细小零件，已带有材质贴图效果。将模型沿 Y 轴旋转 -90°，适当放大并移动让角色的脚底和坐标网格面相切，对称轴与 YZ 平面一致。此过程可与前视图参考图对照调整。

1）模型的清理

如果此时试图对模型进行雕刻，有时会出现错误提示："无法在非流形几何体上执行雕刻操作。请执行网格清理，然后再使用雕刻工具。"因而需要对模型执行清理。清理指令可以在模型选中状态下，从 Shift + 右键热盒中找到。清理指令的位置及其选项面板如图 3-18 所示。此处指令和选项与"网格"菜单下的"清理"功能是相同的。

在清理选项中，注意选中"非流形几何体"复选框，也可扩展选中其他必要选项，使清理结果更接近规则几何拓扑要求。

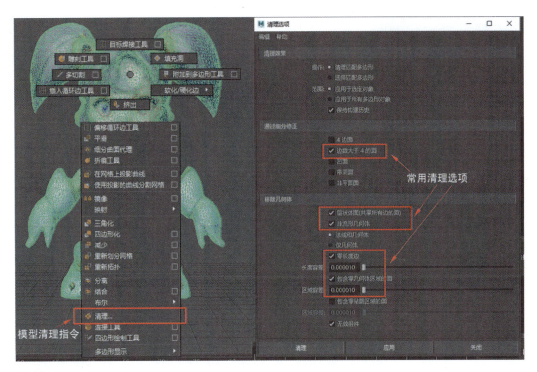

图 3-18
模型清理指令和常用清理选项

2）顶点合并

如果对模型进行雕刻，或局部移动顶点位置，则会发现清理过非流面的模型尽管已经可以雕刻，但局部出现了顶点分离破碎的情况，此时可以选择对模型整体进行一次顶点合并。合并指令可以在顶点选择模式下通过按住 Shift＋鼠标右键组合键，从热盒中通过"合并顶点"指令令访问，具体位置如图 3-19 所示。为保证没有遗漏的破碎情况，执行前可框选模型的全部顶点。

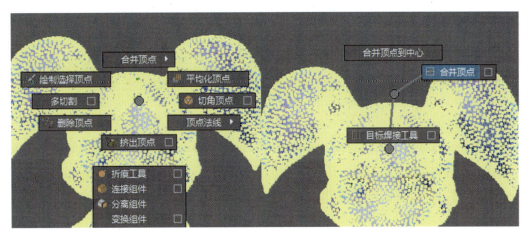

图 3-19
合并顶点指令

图 3-20
删除模型历史指令位置

执行完必要操作后，可选择删除模型历史，减少系统资源消耗，也有助于避免软件崩溃和文件错误。在建模阶段经常删除模型历史是一个好习惯。删除模型历史指令位置如图 3-20 所示。也可以用图层管理模型，方便进行显隐和锁定。

3.2.2 AIGC 角色模型的雕刻

对于一个整体面数已经很高的 AIGC 模型，建议使用"雕刻"功能对整体造型进行修正，可保证较高的效率和直观的操作体验。Maya 的雕刻工具有专属的工具架选项卡，各工具功能与 Zbrush 类似。也可通过模型选择状态下的 Shift+ 右键热盒调出。具体位置如图 3-21 所示。进入雕刻模式的模型会显示为实体叠加浅灰色线框。

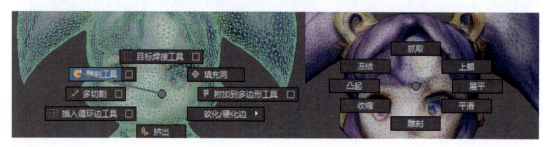

图 3-21
雕刻功能与雕刻笔刷切换

1. 雕刻笔刷的使用

雕刻模式下再次调出 Shift+ 右键热盒则可以切换雕刻笔刷，具体选项如图 3-21 所示。这里的工具与雕刻选项卡中是重叠的。

1）雕刻笔刷参数的调整

和 Maya 大多数笔刷功能类似，按住 B 键不放，同时按住左键拖曳可改变笔刷大小（显示为圆形）。按住 M 键不放，同时按住左键拖曳可改变笔刷的力度（以竖线段长度表示）。由于 Maya 模型尺寸普遍小于现实尺寸，因而在雕刻操作前，此两项参数都需要适当减小。

2）常用雕刻笔刷

（1）雕刻：最常规的雕刻笔刷，按住左键在模型上拖曳可产生沿法线抬高的雕刻效果，按住 Ctrl 键则变为压低。

（2）平滑：通常无须切换到平滑笔刷，在大多数笔刷状态下按住 Shift 即可对模型表面进行平滑处理，减缓和平均化高低落差。

（3）松弛：和平滑笔刷类似，但松弛笔刷只会让模型的拓扑网格间隔和走势变得平均化而不会改变模型形状。

（4）抓取：用鼠标左键拖曳来直接挪动笔刷范围内模型的部分顶点位置。

上述雕刻笔刷在工具架"雕刻"选项卡中的位置如图 3-22 所示。

2. AIGC 模型的雕刻处理

AIGC 模型通常已满足造型对设计效果图的还原，同时既有面数和拓扑并不足以让我们继续添加细节。我们只需要雕刻修改那些小范围的造型问题。至于整体结构上的修正在重拓扑过程中会更加容易实现。由于角色初始姿势为标准 T-pose，因此雕刻时最好开启 X 轴对称（左右对称）来保证对称变形。

对于 Artefacts 导出的 AIGC 模型，主要对它的五官进行雕刻修正，此时可以开启图像平面的显示，交替使用数字快捷键"4"和"5"来切换线框显示和实体模型显示，也可以按"6"键开启贴图显示，反复对照 AIGC 模型与设计图的差别。对于那些因 AIGC 造成的五官过于成人化的偏差，可以用雕刻工具中的"抓取"笔刷适当将角色的眼睛拉低、鼻子拉高以匹配参考图。对比参考图使用雕刻笔刷的操作效果如图 3-23 所示。

图 3-22（上）
雕刻笔刷

图 3-23（右）
对照参考图雕刻模型

3.2.3　AIGC 角色模型的重拓扑要求

为保证模型导入和渲染的基本需求，并且兼顾动画变形，动画和游戏对角色建模的拓扑目前均有比较严格的要求。二者有相似之处，也有各自侧重的方向。

除了基本的规则几何拓扑要求之外，动画和游戏角色模型都要求经纬线分明，强调整体布线疏密均匀。同时要注意模型布线走向和生物体肌肉走向匹配，这一点在面部表情制作时尤为突出。角色关节及眼皮、嘴唇周围需有一定数量环形线辅助动画变形。此处提供一个标准动画角色的面部布线参考，如图 3-24 所示。

当然动画和游戏由于成品形态和硬件环境不同，也存在着角色模型拓扑布线要求上的差异，主要表现在以下几个方面。

图 3-24
动画角色模型的面部布线

1. 核心差异

动画流程可以使用平滑预览或类似功能作为模型的编辑和输出手段，即用低面数建模和造型，而用平滑（加面）结果渲染输出。在 Maya 中，使用数字快捷键 "3" 和 "1" 切换平滑预览和正常显示状态，主流渲染器如自带的 Arnold 也支持将平滑预览结果用于渲染。而游戏模型的应用环境则通常没有硬件平滑功能，只能保持模型原始细分渲染输出。

2. 动画模型对拓扑的额外要求

平滑预览的需求造成动画模型的拓扑要求更为苛刻：

（1）较少使用三角面，也不要出现四边以上的面。

（2）尽量避免五条以上的边相交于同一顶点。

（3）在需要明显硬边转折的位置依赖卡线来引导平滑之后的细节，一个具体案例如图 3-25 所示。

（4）关节部分需要更多环边以保证平滑之后的转折效果，案例示意如图 3-26 所示。

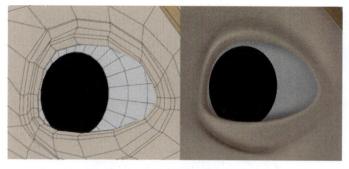

图 3-25
动画角色模型为塑造眼眶转折而额外添加的环形线

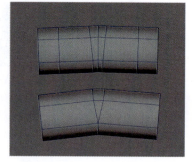

图 3-26
动画与游戏角色关节布线对比

3. 游戏模型对拓扑的侧重

游戏模型布线一般更加均匀和自由，但对面数有严格要求。游戏模型不限制使用三角面、多星点等动画需要避免的拓扑结构，环形布线的层数也可以比动画模型更少。由于没有平滑预览输出，游戏模型需要考虑的主要是用有限的面数让角色轮廓（包括做动作时）从各个角度看起来饱满圆滑，在动作较大的关节处也不要出现明显的折角。目前次时代工作流程可以通过 PBR 贴图制作丰富的视觉细节，因而游戏角色模型在轮廓以内的细节表现更加依赖贴图。

3.2.4 AIGC 角色模型的重拓扑准备

动画模型对于角色五官及周围的造型和布线要求均较高。由于原始模型的眼睛和嘴唇部位细节不佳，为保证后续重拓扑过程中，能够生成可包裹旋转眼球的眼睑和可开合的嘴唇，如图 3-27 所示，可用手动建模的方式放置两个球体在眼球所在位置，注意眼球模型的

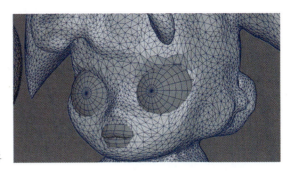

图 3-27
额外添加的眼球和嘴唇

实际尺寸一般要比眼眶露出的更大一些。然后将原始模型眼眶部分用雕刻工具适当下压，让眼球露出的部分覆盖大部分眼眶。注意眼球的定位和包裹关系，对有表演需求的角色模型都是需要优先保障的。另外，用立方体平滑的简单方式，制作单独的上下嘴唇模型。如果 AIGC 模型的目标应用是静态表情的模型（如盲盒玩具设计之类），则没有眼球在眼睑内转动和嘴唇开合的需求，此步骤可以省略。

1. 眼球模型的备份

由于接下来的布尔运算会导致模型的合并和删除，因此在布尔运算前，需要保留用于标定眼球位置的球形模型，来充当未来角色眼球模型的基础。需要按 Ctrl+D 组合键对眼球模型进行复制。需保留的眼球模型可以选择用图层，或按 Ctrl+H 组合键进行隐藏。如通过后一种方式隐藏，则可以在大纲视图中找到它们，注意被隐藏的模型名字会呈现为灰色。选中这些模型后按 Shift+H 组合键可取消隐藏。

2. 模型的布尔运算

原本将原始模型和新建的配件"结合"即可用于重拓扑，但 Maya 中模型的重拓扑是需要在模型表面进行的，为防止结构穿插的干扰，建议同时选中 AIGC 模型和额外配件进行布尔运算以删除穿插部分。布尔运算在右键热盒中的位置如图 3-28 所示。具体布尔运算的含义如下。

（1）并集。模型之间合并，并删除相交部分。最终结果由选定的各模型最外轮廓决定。

（2）差集。先选择的模型被后选择的模型删除相交部分，后选择的模型消失。

（3）交集。两模型相交部分保留，而相交以外的部分被删除。

注意：布尔运算一般都会在模型相交边缘生成多边面，导致非规则几何拓扑，因此应用范围有限。进行并集之后，AIGC 模型和额外配件之间的交叉部分会被删除。此时最好也删除一下模型的历史，再进入重拓扑环节。

图 3-28
右键热盒中的布尔运算

3.2.5　AIGC 角色模型的面部重拓扑

Maya 也支持和 Zbrush 类似的自动重拓扑功能，但为了手动控制模型细节和组合方式，需要使用建模工具包进行手动重拓扑，其位置和界面如图 3-29 所示。

1. Maya 重拓扑的基本操作

1）重拓扑的基本思路

Maya 的重拓扑是让新生成的多边形顶点吸附在原始模型上，从而达成造型和原模型一致，但拓扑结构布线可以手动控制的结果。

2）激活原模型

选择由 AIGC 模型及自建的眼球和嘴唇配件经布尔运算结合后的模型，单击状态行上的"磁铁"图标，将模型激活。在 Maya 中，这意味着其他对象的顶点或控制点在移动时，会自动吸附在被激活的模型上。

3）四边形绘制工具的使用

四边形绘制是建模工具包模型重拓扑的核心工具。基本操作为单击添加顶点，在四个顶点间按住 Shift 键并单击生成面。预生成效果如图 3-30 所示，生成之后的效果如图 3-31 所示。在有模型被激活的状态下，顶点会自动投射吸附到激活模型上。通常四边形绘制工具只能生成四边面，但可以通过先生成四边面再合并顶点的方式生成三角面。

此外，在四边形绘制状态下，可直接拖曳组件改变位置，按 Ctrl 键可插入环形边，对已经存在的点、边或面按住 Shift 键并用左键拖曳可以松弛对象。按住 Ctrl + Shift 组合键并单击可以删除对象。直接拖曳两个顶点到一起即可实现顶点合并。详细的快捷键组合效果可以参考建模工具包最下方的"键盘 / 鼠标快捷方式"中的内容，如图 3-32 所示。

图 3-29
建模工具包

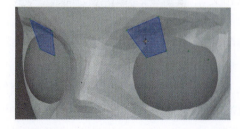

图 3-30
四边形绘制工具的操作

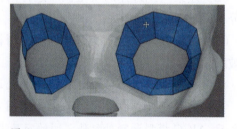

图 3-31
四边形绘制工具生成的面

注意：在角色重拓扑期间，尽管 AIGC 模型不完全对称，但仍可以随时选择开启 X 对称来保障重拓扑模型的对称结构。被拖曳至中缝对称面上，左右碰到一起的顶点会自动合并。

2. Maya 对 AIGC 模型面部重拓扑的布线和衔接

在四边形绘制状态下，交替使用上述操作，可以在 AIGC 模型表面生成符合动画角色拓扑要求的面。生成顺序以保障眼眶和嘴唇周围的布线为优先。初步的拓扑布线效果如图 3-33 所示。

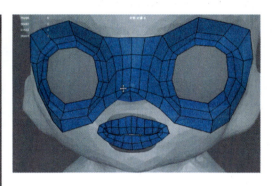

图 3-32（左）
四边形绘制工具快捷键

图 3-33（上）
面部重拓扑进度

1）重拓扑技巧

在保障了模型五官的环形布线之后，各部位的衔接经常会遇到需要连接的面两边段数不一致的情况，此时可灵活运用回转面，将多出来的分割引导到与连接方向垂直的边上，从而完成不同段数的面片之间的连接，具体效果如图 3-34 所示。

不过在图 3-34 所示的拓扑模型的人中部位，出现了两个三星点相邻的情况。这通常会影响模型平滑的效果。因而在一些需要平滑造型的部分（如额头），就需要适当拉开回转结构之间的距离。

2）重拓扑面部模型的手动调整

最终，面部拓扑结果会在保障环形结构的基础上，连接形成较为规整的边缘，从而很方便和其他部位衔接，如图 3-35 所示。而在眼睑和嘴唇的开口边缘处，应有向内挤出的厚度延伸。注意在进一步对模型进行细节调整时，需关闭对 AIGC 模型的激活状态，以解除拓扑模型的自动吸附效果。

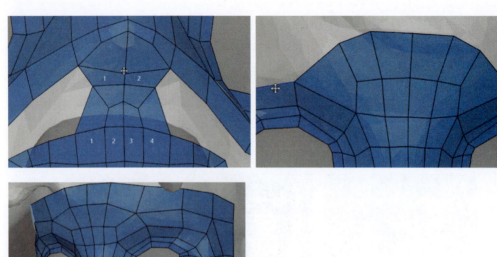

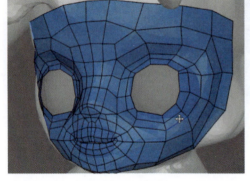

图 3-34（上）
利用回转面实现 2 段和 4 段面的连接

图 3-35（左）
面部重拓扑初步结果

此时如果将被隐藏的眼球模型调出来，会发现眼睑包不住眼球的情况。这主要是因为在重拓扑模型整体面数不高的情况下，如果每一个顶点都吸附在 AIGC 模型上，则最终生成的模型会比原模型小一圈。这种问题在所有重拓扑算法上都可能出现。很多软件平台都有参数让重拓扑生成的模型，沿法线推出一定的厚度来解决类似的问题。在本案例中，可以适当向内推动眼球位置，以恢复眼睑的包裹效果。

3.2.6　头部其他部位的重拓扑

在保证了对布线要求最高的面部重拓扑之后，其他非动画变形部位的重拓扑则更加简单和随意。由于 Artefacts 生成模型的部分结构存在 Z 轴方向上的偏差，可以选择在分部位重拓扑之后矫正它们的相对位置关系，再连接或组合起来。在本案例中，主要会出现前后位置偏差的对象是耳朵和刘海。

1. 耳朵的重拓扑

卡通角色对耳朵的结构细节要求不高，同时耳朵也基本较少参与动画变形。因此只需要从 AIGC 模型上简单重拓扑出来即可，在耳根的位置需要有平滑连续的开口便于和脸、颈部连接。注意由于 Artefacts 图生模型的缺陷，此时新拓扑出来的耳朵比正常位置靠后。耳朵的重拓扑和修正效果如图 3-36 所示。

1）两种耳朵和脸连接关系的选择

（1）可以直接选中已经拓扑好的脸模型，然后开启四边形绘制工具，此时新拓扑出来的耳朵模型就会和脸是同一个模型的两部分，应用合并顶点或绘制多边形来将它们连接会

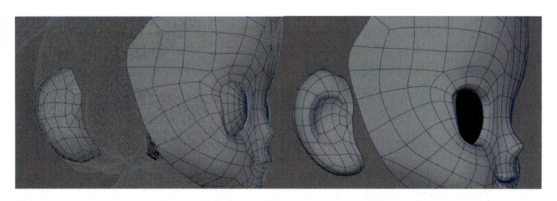

图 3-36
耳朵的重拓扑和修正

非常容易。但如果在连接之前需要移动耳朵位置,则最方便的方法是切换到面选择模式,双击耳朵部位的任意一个面,即可只选中分离的耳朵部分的面,将其移动到合适位置。

(2)如果不选中脸直接拓扑,则生成的耳朵模型会是单独一个对象,此时如果要将耳朵和脸连接,则需要将二者"结合"成一个对象。

2)耳朵的连接和调整

经过位置调整之后,还需要对耳郭的凹凸结构加以强调,因此向内挤出一部分面以塑造耳朵的立体结构。耳朵的布线段数,通常会比要衔接的脸的边缘部分精细很多,因此需要借助更多的回转结构来保障规则几何拓扑连接。由于 AIGC 模型在连接处有结构不清晰的鬓角头发突出造成干扰,因此耳朵和脸的连接需要关闭 AIGC 模型的激活状态。

注意:游戏角色模型在耳朵和脸的连接上可以采用更自由的方式,部分角色甚至由于发型遮挡可以保持耳朵和脸的分离状态。

2. 耳朵与头颈的连接

AIGC 角色模型的颈部和衣领部分重叠较多,因此颈部只能从面部模型向下延伸挤出获得。由于角色服装的遮盖,颈部只要延伸至领口以下多一点即可。在耳朵与面部连接好后,可以经由耳根部分和颈部形成连接,并扩展到颈后闭合,效果如图 3-37 所示。其余的头顶和后脑部分则因为被头发模型遮盖,可以选择不去生成。

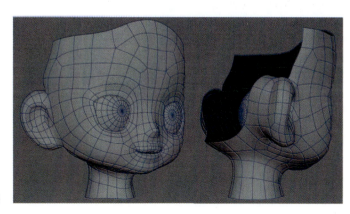

图 3-37
耳朵和头颈的连接

3. 头发的重拓扑

由于角色的发型设计，以及 AIGC 模型的生成结果都很适合重拓扑，因而只需要对马尾辫和头顶的头发分别进行重拓扑。二者之间的衔接部分由后续制作的发饰遮挡。注意，此时可以在重拓扑后，微调双马尾辫的角度和尺寸，来修正 AIGC 模型的缺陷。头顶头发须覆盖头部模型目前缺少的部分，并且在边缘处向内挤出一定的厚度，效果如图 3-38 所示。

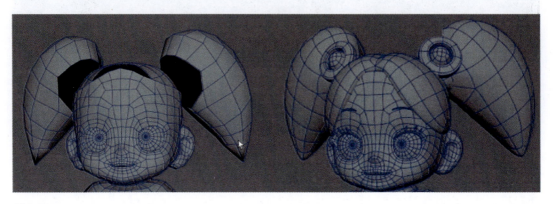

图 3-38
重拓扑和完成后的头发模型

AIGC 模型普遍对刘海部分的细节生成效果不佳，因而在后续的制作中会使用其他方法辅助生成。发饰则由于造型规则，用手动创建比重拓扑更好，也更方便。

3.3　AIGC 角色模型重拓扑与其他建模手段的结合

角色模型的面部，是造型和布线要求最高的部分。在头部模型完成之后，身体的其他部位可以利用相同的方式重新拓扑。但由于 AIGC 模型对细节的还原度不佳，案例模型其他部位的重拓扑只能在鞋子和身体的局部进行，并且只能保证大致的整体造型。为塑造结构之间的穿插关系，需要选择先将各部位重拓成分离的模型对象，在补充细节之后再组合。按照这个思路对 AIGC 模型重拓扑的效果如图 3-39 所示。

图 3-39
角色其他可重拓扑的部位

至于部分 AIGC 模型和设计图出入过大的部位，如腰带和手套等，则需要综合运用其他建模手段。

3.3.1 手套的自动重拓扑

由于设计图使用了虎口朝向镜头的角度，因而 AIGC 模型的手部未能还原出手指分开的结构。这一缺陷可以选择在设计图阶段，改为让角色掌心朝向镜头来加以优化。也因为上述原因，重拓扑只能得到手套的手腕和手背的一部分，以及手臂的模型。因此，手套模型的还原只能局部利用拓扑出来的部分，手指部分则可以利用"扫描网格"创建，再利用手动建模或自动重拓扑与手掌连接，效果如图 3-40 所示。

1. 绘制手指曲线

在 AIGC 模型处于激活状态时，使用 EP 曲线工具绘制的曲线也会吸附在模型表面，利用这个特性我们可以在手指结构粘连不清的原始模型上，绘制出各手指的曲线。EP 曲线工具在工具架选项卡中的位置如图 3-41 所示。在 AIGC 模型上贴附绘制的曲线效果如图 3-42 所示。

2. 生成手指

选中手指曲线，选择"创建"菜单下的"扫描网格"命令，则可以生成以曲线为轨迹

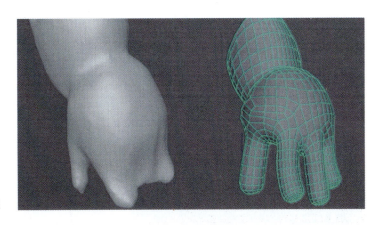

图 3-40
手套的 AIGC 模型和重拓扑结果

图 3-41（左）
"EP 曲线"工具

图 3-42（右）
激活 AIGC 模型之后生成的手指曲线

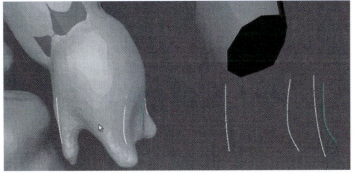

的管道形状多边形模型。注意默认尺寸出来的半径会偏粗，需要在属性编辑器中修改"缩放剖面"属性以获得理想的横截面尺寸。同时，横截面边数由"边"的数值决定，沿曲线方向上的细分段数由"精度"决定，具体如图 3-43 所示。

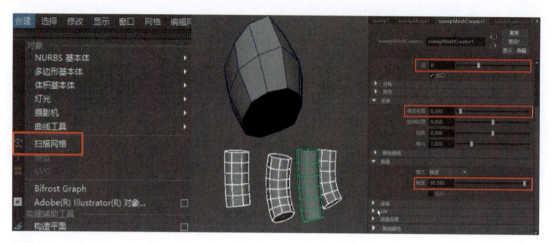

图 3-43
扫描网格创建的手指

在这种情况下如果选中"封口"复选框，则手指末端会封闭成一个八边面。可以将其手动分割成四边面，以确保规则几何拓扑，但由于接下来会执行布尔运算，因此也可以选择不处理。

3. 生成手掌和手腕

在重拓扑出的手腕基础上，使用常规建模手段生成手掌，与手指和手腕协调位置关系。最后将三者平滑后，选择"布尔运算"→"并集"命令进行合并，获得整体的手部模型。注意布尔运算的各对象须是封闭几何实体，因此手腕如果有开口，可以用 Shift + 右键热盒中的"填充洞"命令予以封闭。如图 3-44 所示。

上述操作的过程和结果如图 3-45 所示。注意，此时布尔运算得到的模型交叉边缘，过度生硬且拓扑结构问题较多，需要后续再进行一次重拓扑处理。

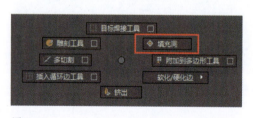

图 3-44
热盒中的"填充洞"指令

4. 手套的自动重拓扑

和 Zbrush 类似，Maya 也有自动重拓扑功能，但可控性较差，执行效率不高。主要是没有办法像 Zremesher 那样使用网格密度颜色标记和重拓扑引导曲线。如果需要保障重拓扑模型的造型，则必须在结果中包含更高的面数。

选择布尔运算之后的手套模型，在"建模"状态下，单击"网格"→"重新拓扑"选

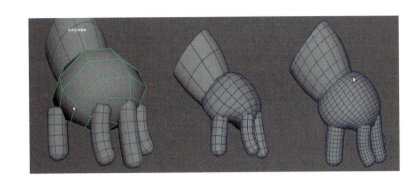

图 3-45
手套模型生成过程和结果

项后的小方格,调出重拓扑参数,修改"目标面数"至一个适中的数值后,单击"重新拓扑"或"应用"按钮。则经过一段时间的计算,会得到四边面构成的规则几何拓扑模型,如图 3-46 所示。注意,此时手套的边缘部分可能也和 Zremesher 一样出现螺旋线。

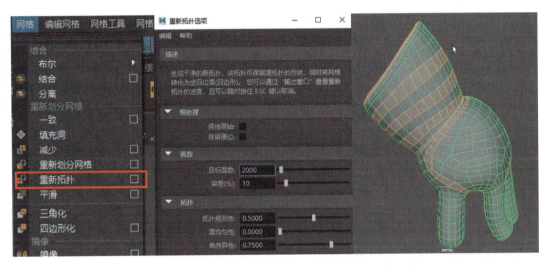

图 3-46
Maya 自动重拓扑参数及结果

如果需要手套靠近手臂一侧的边缘为环形边,则可以在重拓扑之前将此处的端面删除。因为原本这里的封闭面也是为了执行布尔运算用"封闭孔"命令后加上去的,因此很容易被选中。删除后再执行"重新拓扑"命令,则由于开口的存在,可以在边缘处获得环形布线。

最终得到的手套模型符合规则几何拓扑要求,但整体面数较其他手动重拓扑模型偏高。在对面数要求不高的应用场合可以直接使用,否则还是手动重拓扑的可控性更好一些。手套模型自动和手动重拓扑结果的比较如图 3-47 所示。

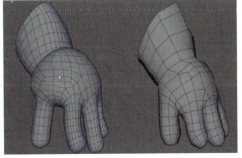

图 3-47
自动和手动重拓扑的手套模型

3.3.2 刘海的扫描网格

由于 AIGC 模型对角色头发刘海的结构还原效果不佳，因此可沿用手套模型制作中，以贴附激活模型绘制 EP 曲线配合扫描网格的方式生成。

1. 绘制刘海曲线

和制作手指时类似，在单击磁铁图标将 AIGC 模型激活的状态下，用 EP 曲线绘制贴附刘海的曲线。如果需要调整曲线可将右键热盒切换到"控制顶点"模式去拖曳控制顶点（Nurbs CV）。在原始模型被激活的状态下，这个操作仍会保持曲线对模型的贴附，如图 3-48 所示。之后即可执行"扫描网格"命令创建刘海模型。

2. 控制横截面形状

扫描网格的横截面除段数以外还有不同形状的选择。为了塑造刘海的硬边转折效果，需使用自定义剖面形状。自定义剖面可通过曲线或多边形控制。因此，先用 EP 曲线工具绘制一个横截面曲线形状。为画出硬转折边，需将 EP 曲线改为 1 次曲线，即折线形。该选项在 EP 曲线工具的"工具设置"中调整，具体位置和选项如图 3-49 所示。

绘制好剖面形状后，可对刘海曲线执行"扫描网格"命令，在"剖面形状"选项中选择"自定义"。而后在自定义剖面窗口出现的状态下，选择绘制的剖面曲线，则扫描网格会以此曲线为横截面形状。自定义剖面曲线和相关选项如图 3-50 所示。

图 3-48
绘制刘海曲线

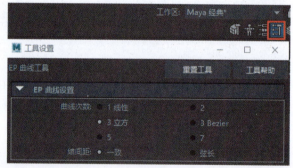

图 3-49
EP 曲线工具设置

图 3-50
扫描网格的自定义剖面

3. 控制发束粗细变化

扫描网格的"锥化曲线"选项可控制管道模型粗细在延伸方向上的变化。在锥化曲线上单击可添加控制点。锥化曲线最左侧代表轨迹曲线的根部位置，右侧代表末梢位置，每一个位置上控制点的高度代表此处管道模型的粗细。单击每一个锥化控制点下方的"X"图标可删除此处的点。通常发束的末梢会显著收细，根部也略细于中段，其锥化曲线如图 3-51 所示。

如果剖面扭转到了错误的方向，则可使用"旋转剖面"参数扭转到正确的角度，获得理想的刘海模型。最终可对刘海的末梢剖面做分割和合并顶点处理，保障视觉效果和规则拓扑，如图 3-52 所示。

扫描网格各参数可保存为"预设"便于后续反复调用制作相似的模型，其他发束包括鬓角在内均可用此方法生成。相同的方法也可以用于制作眉毛，流程更简单。

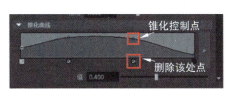

图 3-51
扫描网格的锥化控制

图 3-52
扫描网格生成刘海效果和末端处理

3.3.3 整体模型的组合完成

模型的其余部分均在重拓扑模型的基础上加以完善，其中发饰和腰带扣使用传统的手动建模方式处理；睫毛使用挤出眼眶边再提取面的方式创建；眼球使用在球体模型上重拓扑虹膜形状来匹配设计图，如图 3-53 所示。

模型在上下半身连接时补足了缺失的面并挤出了腰带。在部分材质颜色边界预留了结构线。综合运用各种建模和修改方式后，案例角色模型的最终效果如图 3-54 所示。

图 3-53（下）
重拓扑模型眼球和睫毛模型结构

图 3-54（右）
案例模型最终效果

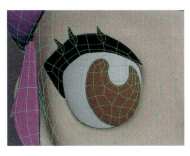

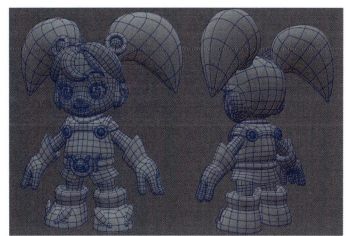

尽管使用 AIGC 生成的角色模型，按照动画角色要求去重拓扑，效率其实并不高。但 AIGC 建模未来的发展必将朝向更加还原结构细节，以及更加兼顾拓扑需求的方向迭代升级。即使暂时存在细节和拓扑上的缺陷，用户使用 AIGC 模型直接提供的。轮廓造型和比例关系基本正确的三维原型来指导角色造型、空间位置和比例关系，显然优于使用前视图和侧视图来进行参考的传统方式。尤其对于无法准确绘制侧视图造型去匹配前视图，以及空间想象能力不强的学生，AIGC 提供的三维参考显然更加直观。

3.4 AIGC 文生三维角色模型的典型应用

前面章节将注意力集中在了 AIGC 图生三维模型功能平台，及生成结果的后续处理上，而事实上大多数 AI 建模平台均支持文生模型功能，在用户体验上更加接近 AIGC 绘画的典型流程，并且生成结果的质量往往高于图生模型。只不过对于明确的设计目标和有造型能力的设计师来说，文生模型的随机试错过程成本更高，作品的侵权风险也无法忽略，更加不利于在实际项目中使用。本节简要地对 AIGC 文生三维模型的过程和质量进行评价，并对流程和结果进行比较。

3.4.1 AIGC 三维平台的文生模型功能

目前 AIGC 文生三维模型平台大多在线上部署，并且需要支付积分生成和细化模型。主流的文生三维模型平台目前均支持中文提示词输入，用户可以使用和 Stable Diffusion 类似的方式，以逗号分隔多个提示词；也可以按自然语言习惯，用一句话描述一个生成目标及姿态，在句子中将需要的特征关键词用于修饰成分。不同平台生成模型的算法不同，一种比较典型的模型生成方式，是将提示词对应的低精度模型组件以体素组合的方式拼装在一起，然后统一生成精度较高的模型。另一种典型的算法更加简单"粗暴"，即先用提示词生成图片，再套用图生模型功能。

1. Meshy 的文生模型功能

前文已经测试过 Meshy 的图生模型效果。目前，Meshy 平台的文生模型功能为用户提供了六个风格选项，包括智能、写实、卡通、雕塑、低多边形和 PBR，用于不同风格需求的模型生成。其中雕塑和 PBR 是平台功能的亮点，可以生成真实感较强的材质和贴图效果。Meshy 社区中分享的生成模型如图 3-55 所示。

Meshy 的基本功能中包含"文本生成体素"功能，并且模型的生成过程也明显要经历先体素组件拼装、再细化两个阶段。在实践案例中，可选择"文本生成模型"模式，并选择 PBR 风格类型。案例目标是创建一个兼具中国明朝历史服饰、铠甲与蒸汽朋克要素的幻想世界角色模型。因此，在提示词窗口输入：男人，明朝士兵，暗红色布面甲，蒸汽朋克，飞碟盔，防毒面具，双眼护目镜，金属管道，齿轮，步枪，单击"生成"按钮，平台经过一段时间会反馈四个体素化低模预览效果，让用户挑选来进行下一步的细化，如

图 3-55
Meshy 用户生成的多种风格文生三维模型

图 3-56 所示。

  选择四个预览效果中结构清晰完整，可辨认细节符合预期的一个，单击下方的"细化"按钮。经过一段比较长的等待时间，平台即可生成最终的文生模型结果，如图 3-57 所示。

  AIGC 模型呈现出了较好的整体结构，包含了提示词中如飞碟盔、防毒面具等关键组件，但由于体素模型阶段的武器只露出一部分，最终生成结果中没能生成完整的步枪。整体角色模型面数为近 45000 面。AIGC 模型生成结果面数普遍较高且并不能很好地表现细节，这个通病在 Meshy 表现得更为明显。可以注意到，在生成模型的同时，Meshy 为角色

图 3-56
Meshy 第一阶段生成的体素低模

图 3-57
Meshy 细化之后的 PBR 风格文生模型

智能赋予了 PBR 贴图，包含反照率（Albedo）、粗糙度、金属度和法线四张贴图，基本涵盖了 PBR 对渲染效果的要求。关于 PBR 标准下各贴图的意义和使用方法将放在后续章节中讲解。用户可以通过单击贴图图标切换到贴图显示模式，来检查贴图在模型上的分布情况。单击"PBR 着色"回到完整的渲染结果。

单击右侧的"下载"图标可将模型下载至本地，有多种格式可以选择。注意，Meshy 的文生模型功能并不是每一次都能反馈正确的结果。Meshy 生成结果的典型错误包括以下几种。

（1）对提示词中核心物体描述的误判：如将配件道具识别为生成对象主体，再如即使加入了"全身"这样的提示词，仍然会出现只生成了半身模型这样的情况。

（2）部位缺失：部分角色模型在体素阶段就发生了头盔和身体连在一起界限不清的问题，导致了细化之后头部缺失。其他如武器等也很容易在细化过程中丢失。

（3）细节损失严重：部分提示词描述的对象由于 AI 训练不足，导致生成模型的细化结果局部仅有大体积结构，缺失造型和贴图细节。

（4）细化结果偏离预览效果：表现为虽然文生角色模型在体素阶段结构和颜色接近预期，也保留了一些提示词中的风格和服饰元素。但细化之后的模型风格和提示词出现较大偏差，甚至不如体素模型还原的情况。

总的来说，对于需要支付积分才能生成和细化的 AIGC 文生模型平台，这些常见错误非常影响用户体验。相关平台工具在未来的发展过程中应该会针对上述问题有所改善。

2. Tripo AI 的文生模型功能

前文已经介绍过 Tripo AI 平台在图生三维模型功能上比较明显的质量优势。Tripo AI 的文生模型在很大程度上是遵循先文生图，再图生模型的方式展开的，因而特征和缺陷与图生模型功能一致。

直接在 Tripo AI 首页下方的关键词栏键入"一个穿着科幻机甲，全身，未来科技，中国军队风格，整体绿色和灰色，戴着屏幕式头盔，头盔屏幕上有五角星，Apose 的男性角色。"单击 Create 按钮即可开始文生模型步骤。平台会首先提供四个备选结果供筛选细化，其中质量较好的生成结果有着明显的图生模型特征，如图 3-58 所示。

图 3-58
Tripo AI 第一阶段生成的低模

相比 Meshy，Tripo AI 的第一阶段生成结果由于不是体素模型，质量要好于 Meshy，不过后续的细化并不能生成 PBR 材质。在未细化之前，旋转模型可以看到在正面以外的角度，模型和贴图精度都会下降，边缘存在模糊拉伸，符合图生模型的典型缺陷。在浏览模型时，单击右侧下方的 Refine 按钮，即可将模型细化，如图 3-59 所示。可以注意到细化后的模型即使是背面的贴图也呈现出了较高的质量。

相比 Meshy 的体素建模和 PBR 贴图生成，Tripo AI 的文生三维模型显然更加稳健，基本完全继承了其图生模型功能的优势和弊端。鉴于每次生成模型都需要支付积分，因此建议先在一些 AIGC 文生图平台生成满意的设计图，再使用 Tripo AI 的图生三维模型功能。避免反复筛选随机生成的结果带来的浪费。

图 3-59
Tripo AI 细化之后的模型

3.4.2　AIGC 文生模型的评价和后续处理

以典型的 AIGC 文生三维模型平台 Meshy 的生成结果为例，将其下载导入三维 DCC 软件。可以看到和图生模型一样，失去了材质效果修饰的 AIGC 模型，出现了较多不准确的造型结构和不够平滑的表面效果，且面数和拓扑结构并不能直接用于项目需求。因此，AIGC 文生模型仍然需要经过重拓扑和贴图烘焙流程手动修改。Meshy 文生模型带材质效果、素模和重拓扑模型效果如图 3-60 所示。

图 3-60
Meshy 文生模型的外观和重拓扑

标榜具有 PBR 生成能力的 Meshy 随模型生成的全套贴图，为模型的展示效果起到了非常大的增效作用。因而后续的处理和应用需要考虑将 Meshy 的 PBR 贴图转化为可用资源并进行编辑修改。

为重拓扑模型展开 UV 后，即可在八猴渲染器中尝试将生成的 PBR 贴图烘焙到新模型上。在 Meshy 提供的颜色、金属度、粗糙度和法线四张贴图中，只有法线贴图的烘焙需要非常留意。因为法线贴图使用 UV 坐标系确定法线偏转方向，而原模型和拓扑模型的 UV 必然具有非常大的差异。因此不能像其他三张贴图那样，以烘焙材质颜色信息的方式将其直接烘焙给低模，而是必须在高模材质的 Normal Map 一栏中调用法线贴图，再对低模烘焙，才能获得正确的烘焙结果。

除此之外，在原有 PBR 贴图靠近腋下和前后衔接的位置，容易出现贴图细节的劣化或边缘无法对齐的情况。角色对称结构的两边也会出现较大的贴图细节差异。而如果要对贴图进行修改，就必须保证操作对颜色、金属度、粗糙度和法线四张贴图同时生效。目前 Meshy 的专业版为贴图修饰提供了"交互式贴图重绘"功能，即绘制 MASK 让该部位的贴图重新智能生成出正确的结果，如图 3-61 所示。

图 3-61
Meshy 的交互式重绘贴图功能

对大多数用户而言，本书目前还是推荐使用 Substance Painter 来同时对多个贴图通道进行编辑。在缺乏高模雕刻细节和 ID 信息的情况下，用户进行编辑的余地非常有限，但目前的生成结果在重拓扑和烘焙后，已经可以应对一些距离镜头较远的游戏 NPC 角色的美术资源需求。相信随着 AIGC 技术的进步，生成式三维建模的结果质量会越来越接近直接可用，并且更方便修改。

本章小结

总的来说，如果需要让 AIGC 模型融入传统的动画、游戏、交互程序开发流程，则需要对模型造型不准确的部分进行修正，并且需要重新拓扑布线结构，这与我们在照片或视频重建模型和三维扫描过程中遇到的情况是类似的，也适用相近的工作流。至于随 AI 建模生成的贴图，则由于 UV 破碎和图像模糊，细节失真，目前大多无法直接使用。前面章节演示的高低模投射烘焙工作流，可以将 AI 生成的贴图转化为重拓扑模型在自己 UV 下的基础颜色，对后续贴图制作具有一定的参考价值。

在 AIGC 三维模型面向动画角色应用的自动布线方面，目前各平台都表现不佳，在未来一段时期内仍需要用户手动重拓扑辅助。相信未来 AIGC 生成模型的功能还会继续进步，在模型和贴图的细节还原上更贴近实际应用的质量要求。

思考与练习

（1）选择自己认为适合的 AIGC 建模平台，用自己绘制或由 AI 生成的设计图尝试生成模型结果并导入三维软件。可对模型进行优化和修饰，来验证 AI 建模直接对接三维动画和游戏工作流的可能性。思考当前的 AI 建模结果可直接适配何种工艺流程和项目需求。

（2）选择 AIGC 平台生成的角色模型，或者下载的角色雕刻模型素材，用重拓扑面部布线的方式，加深记忆和理解三维动画角色对模型布线的需求。用同样的方法，也可以在有参考的基础上，按游戏模型的布线要求重新练习拓扑角色头部模型。

（3）完成整个角色模型的重拓扑，修饰完善。可以尝试使用带有姿势的三维风格设计图生成 AIGC 模型来进行重拓扑练习。理解此工作流程对带姿势角色在三维空间想象和模型搭建上的优势。

（4）尝试当前流行的、质量和成本搭配适中的 AIGC 三维模型平台，使用提示词生成模型来评价结果的质量，并尝试通过重拓扑和贴图烘焙将其转化为项目可用的美术资源。

第 4 章

AIGC 与材质贴图

教学资源

三维贴图（3D Texturing）是三维建模和计算机图形显示的一个关键过程，通过在基本材质属性上连接贴图，为三维模型提供更高的真实感和细节。三维贴图是通过将二维图片（纹理）映射到三维对象的表面来实现的，这些二维图片通常包含颜色、图案或其他视觉信息。三维贴图的工作流程通常包括以下三个步骤。

（1）UV 展开：将三维模型的表面链接到一个二维坐标平面，使贴图可以平铺并正确映射到模型上。

（2）贴图绘制：根据设计对视觉细节的需求，创建或修改贴图，这些贴图可以是手工绘制的，也可以是通过程序生成的。

（3）贴图应用：将绘制好的贴图按材质通道链接到着色器，并应用到模型的 UV 上。通过渲染查看效果，并进行必要的调整。

4.1 AIGC 重拓扑模型的材质贴图制作

本节将接续前一章节的 AIGC 模型重拓扑结果，以还原设计图效果为目标，为模型制作材质和贴图资源，并在渲染环境下进行灯光照明，检查和评价结果。

教学视频

4.1.1 AIGC 重拓扑角色模型的材质准备

模型在制作材质贴图之前，需要建立各组件由三维模型空间向二维贴图空间的映射关系。因此，每一个顶点除 X、Y、Z 三维坐标外还需要分配一个贴图空间的 UV 坐标。为模型建立 UV 坐标的过程一般称为 UV 展开。一个简单的闽南孙悟空布袋木偶模型和它的 UV、贴图关系如图 4-1 所示。

图 4-1
孙悟空布袋木偶模型的 UV 贴图

由于目前三维绘制贴图，以及智能贴图生成功能在主流软件平台已经比较成熟，UV 展开的质量要求已变得更为宽松。同时因为 Maya 中角色模型 UV 展开的过程自动化程度已经较高，用户只需要用到有限的操作，对自动展开排布结果做必要的调整，即可获得符合标准的 UV 展开结果。

1. UV 展开的质量评价

将工作区切换到"UV 编辑"状态，即可在模型视图右侧打开 UV 编辑器，同时也会打开 UV 工具包。选中的多边形模型会自动在 UV 编辑器视图中显示 UV 分布信息。手动创建或重拓扑获得的模型，UV 的初始状态往往都比较混乱，有的甚至没有 UV 信息，无法直接制作贴图。由于 UV 是贴图映射到模型上的依据，因此 UV 展开须符合以下的质量标准。

（1）无重叠：非重复出现的模型对象严格禁止 UV 发生重叠，否则将无法分别绘制不同的贴图内容。在早期游戏美术中，为节省贴图空间，对称体的两侧 UV 可以重叠，但目前游戏引擎处理贴图能力提升，材质使用的贴图功能复杂，大多还是选择将 UV 完全展开，不让 UV 片之间重叠。

（2）无翻转：UV 面片如果与模型法线方向相反，则可能导致贴图的凹凸信息错误，也会影响文字和符号图案的绘制。

（3）少拉伸：模型 UV 展开后的形状如果和原始形状差异较大，则会发生贴图的拉伸或压缩。因此需选择合适的展开方式，并且把发生拉伸的区域尽量定位在不引人注意的隐蔽部位。

在 Maya 的 UV 编辑器中，贴图的重叠、翻转和拉伸可以通过开启"着色"和"UV 扭曲"来检验，开关按钮位置如图 4-2 所示。在"着色"状态下 UV 面片应显示为均一的半透明蓝色，如出现局部蓝色加重则表示该部位有 UV 重叠；如出现红色则表示该部位 UV 翻转，如出现紫色则表示同时发生了 UV 翻转和重叠。而在"UV 扭曲"状态下，UV 面片应整体显示为白色，如出现红色则表示此处 UV 出现了压缩，蓝色表示此处 UV 出现了拉伸。

（4）少接缝：将三维物体展开成平面 UV 不可避免要产生接缝，否则将无法展开。或者即使侥幸可以展开，也会让模型产生大量的 UV 变形。而接缝处贴图由于无法连续绘制，最终容易产生断开的贴图视觉效果，可以通过合理地将接缝放置在隐蔽部位来平衡。如角色模型的 UV 接缝通常放在腋下、后背、腿间等部位，服装模型的 UV 接缝通常放在缝合线部位。

（5）合适的比例：展开后的各面片应尽量保持在三维空间中原有的比例关系，并随需要的贴图精度对应调整，如角色面部的 UV 就可以适当放大。

（6）合理分布：最终的 UV 排列应尽量占满贴图区域。在未使用 UDIM 时，该区域指的是 UV 编辑器视图中 UV 空间的第一象限。排布不合理的 UV 会造成贴图精度的损失和资源的浪费。

（7）易于定位和绘制：保证 UV 的方向符合习惯，同一部位的 UV 尽量放在一起。

2. 建立 UV 初始状态

将模型整体选中，在工具架的多边形建模选项卡靠后的位置可以找到 UV 工具，如图 4-3 所示。单击"平面映射"按钮，为模型建立一个没有接缝的初始状态。此时模型 UV 大面积重叠，还需要进行后续操作。

图 4-2
UV 编辑器中的 UV 检验功能

图 4-3
常用 UV 工具

注意：UV 映射功能也可以在模型选定状态下，从 Shift 键+右键热盒中找到，如图 4-4 所示。此处热盒中还包含了 UV 编辑的常用操作，与 UV 工具包中对应的同名操作功能一致。

3. 切割接缝

激活"3D 切割和缝合 UV 工具"选项，然后在三维透视视图中即可通过拖曳划过边

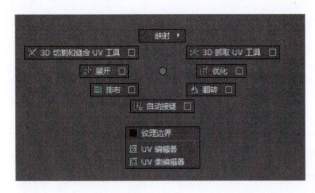

图 4-4
UV 热盒

的方式,来指定 UV 接缝在模型上的位置。注意单独选定一条边并不会将该边切开,而是要继续划过相邻边界;或者通过先选一条起始边,再双击另一条结束边来选择中间连续边的方式,才会切开 UV 接缝。当切割的接缝将一部分面的 UV 与其他部位完全分开时,它就被称为一个"UV 壳"或"UV 岛",在 UV 工具包和热盒中对应有专门的选择模式。切割出 UV 壳时,模型和 UV 显示会自动进入着色的"多色模式",被完全切分开的 UV 壳会各自用单独的颜色显示。多色模式下,先取消再重新激活着色可回到单色模式。

按住 Ctrl 键执行上述操作可缝合已经切开的边。角色模型 UV 接缝的切割和缝合操作可开启对称以提升效率。除模型原本的开放边界外,案例模型切割的 UV 接缝如图 4-5 所示,为清晰显示已用红色标记。注意模型材质分界上的边也建议切割为 UV 接缝。

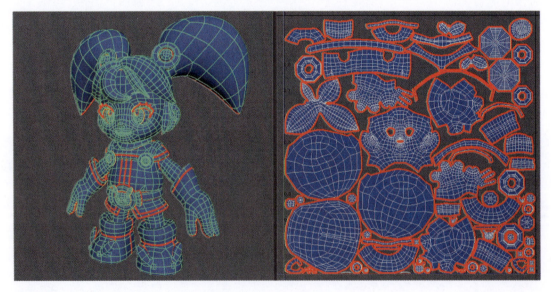

图 4-5
案例模型的 UV 接缝和分布

"UV 工具包"中也包含"切割和缝合"一栏,其中的"剪切""缝合"工具也有和"3D 切割和缝合 UV 工具"类似的功能,区别在于需要先选中边再单击使用。注意在 UV 视图中,"3D 切割和缝合 UV 工具"不可用。部分 UV 展开要求较低的模型也可使用"自动接缝"功能，由软件根据模型的形状和展开需求一键指定 UV 接缝，但通常分布的合理性和隐蔽性都不佳，在此不再赘述。

4. 展开和排布

Maya 集成了 Unfold3D 插件后，其 UV 自动展开功能已经比较完善和方便了。

（1）自动展开：模型处于 UV 或 UV 壳模式下时，可从 Shift+右键热盒中选择"展开"选项，或者在 UV 工具包中找到"展开"一栏，选择"展开"选项。则模型会按照指定好的接缝自动展开 UV。如果此步骤始终无法执行或结果很差，则需检查插件管理器中 Unfold3D 是否已选中，方法是在菜单中选择"窗口"→"设置/首选项"→"插件管理器"命令。通常 Unfold3D 的"加载"和"自动加载"都需处于选中状态。如结果的 UV 扭曲较为严重，则需要检查接缝是否合理。

（2）排布：热盒选项与自动展开位置相邻，在 UV 工具包中则在"排列和布局"一栏的下方。默认情况下，Maya 会用尽可能排满 UV 空间第一象限的方式自动排布所有的 UV 壳，同时保证 UV 壳之间的比例关系与三维模型一致。由于 UV 壳分布和旋转方向比较随机，同时部分 UV 壳（如面部的比例）应略放大以提高精度，排布的结果仍需要手动校正。在 UV 壳选择模式下，快捷键 Q、W、E、R 对应的工具箱变换操作在 UV 视图仍可使用。UV 壳的翻转可通过 Shift+右键热盒或建模工具包中的"翻转"命令手动执行。

5. UDIM 对 UV 展开的影响

次时代工作流和 CG 制作对材质贴图的标准化要求，使得三维艺术家倾向于用尽可能少的材质球，来解决任意复杂的模型对象的视觉表现，同时在贴图尺寸合理的前提下保障细节精度。这导致了 UDIM（U-Dimension）技术的出现，直观表现为模型的 UV 可以超越第一象限。如今绝大多数材质贴图制作和渲染系统都支持 UDIM 功能。一个典型的 UDIM 示例——UV 分布效果如图 4-6 所示。

图 4-6
开启了 UDIM 的 UV 多象限分布

在 Maya 的 UV 工具包中进行 UV 排布时，可以在按住 Shift 键的同时单击"排布"命令，调出排布 UV 选项。提高"布局设置"下的"平铺 U"数值，可实现多象限的 UV 自动排布。通常 UDIM 象限数不会很多，仅在 U 向的多象限排布即可满足要求。在后续的手动调整中，一方面要避免 UV 壳跨越象限边界，另一方面也需矫正多象限排布造成的比例失调。

在本书案例中,由于角色结构简单,未使用 UDIM,所有 UV 壳都在第一象限内。

4.1.2　AIGC 重拓扑角色模型的材质制作

本书案例的贴图制作选择使用 Substance Painter,这是一款可以直接在模型表面绘制贴图的软件。在导入软件进行贴图制作之前,需要针对模型进行一些准备工作。

1. 为模型准备材质 ID 信息

在使用次时代 PBR 工作流之前,通常需要对模型在 UV 空间进行分区标记。以材质为单位的分区颜色标记称为材质 ID,以元件物体为单位的分区颜色标记称为物体 ID。所谓 PBR 工作流,即基于物理的渲染(physically based rendering)。除了前面提到的高低模重拓扑和烘焙贴图外,PBR 工作流的一个非常重要的思路,就是用贴图记录材质的物理属性,从而实现用一个材质球模拟出整个模型不同部位材质组合的视觉效果。而材质 ID 贴图即是不同材质填充在模型对应部位上的分区依据。Substance Painter 支持使用材质颜色或顶点颜色两种数据信息作为 ID 贴图烘焙的依据,也可以事先烘焙好 ID 贴图再导入软件。案例模型的材质 ID 贴图如图 4-7 所示。注意颜色 ID 仅为标记材质分区之用,与实际的材质颜色无关。

图 4-7
案例模型的 ID 贴图

1)高低模烘焙 ID

如果存在结构细节程度不同的高低模烘焙,则材质 ID 应选择在高模上分区给予不同颜色,再烘焙至低模的方式。因为部分材质范围在高模上存在模型结构的区分,但在低模上没有,只能用 ID 贴图进行标记。

(1)材质颜色 ID:如果允许在软件中为高模不同材质对应的分区,赋予不同颜色的材质球,则颜色 ID 会在 Substance 贴图烘焙阶段自动生成。但需要注意部分高模的面数过高,并不能在 DCC 软件中打开并赋予材质。

(2)顶点颜色 ID:在使用 Zbrush 处理高模时,可以选择为模型自动建立多边形组,并将多边形组的颜色作为顶点颜色存储在导出的高模中,用于材质 ID 信息。但由于

Zbrush 在自动分割多边形组时并不能保证其和材质的一对一关系，因此需要在 Zbrush 或 Substance Painter 中手动改善结果。一个高模多边形组颜色转为顶点颜色，再烘焙给低模转为 ID 贴图的例子如图 4-8 所示。

图 4-8
高模在 Zbrush 中的多边形组转为低模 ID 贴图的效果

（3）八猴烘焙 ID 贴图：对于已经对模型各部位进行了材质区分，但没有修改材质颜色高模，可以在八猴渲染器中创建烘焙并依次导入高低模。选中 Material ID 烘焙贴图，则八猴渲染器会自动为不同材质使用颜色进行标记区分并烘焙至低模 UV。由此生成的 ID 贴图可以在 Substance Painter 中代替低模的材质 ID 贴图。

2）低模自烘焙 ID

本案例中模型无与之对应的高模，因此材质 ID 的烘焙只能发生在低模自身。

（1）材质颜色 ID：可以直接为低模不同材料的组件进行材质颜色区分。但由于每一个材质在模型导入 Substance Painter 时，会转化为一个单独的纹理集，跨越纹理集的贴图编辑和合并都非常不方便，因此可选择将进行材质颜色标记的模型导出为高模，将单一材质的同一个模型导出为低模。这样在 Substance Painter 中，低模仅会存在一个纹理集，而高模的材质颜色还可以作为 ID 信息烘焙给低模。在 UV 分块较好的情况下，使用 UV 壳选择方式会更快地完成材质颜色的标记过程。

（2）顶点颜色 ID：由于高低模烘焙得到的材质 ID 贴图，经常在模型局部紧贴或交叉结构处出现溢色，导致材质填充效果的瑕疵。因此在低模自烘焙材质 ID 时，建议使用顶点颜色来存储 ID 信息。在 Maya 中，可以使用菜单"网格显示"下的"预照明"功能，将材质灯光颜色烘焙给模型的顶点颜色。

在执行预照明之前，需要创建一个环境光，创建命令位置在工具架"渲染"选项卡下，如图 4-9 所示。随后在属性编辑器中，将灯光的"环境光明暗处理"调成 0。这将获得一个均匀照亮整个场景的灯光效果。由于预照明功能会将灯光计入顶点颜色烘焙结果，因此需要环境光来获得单色均匀的材质

图 4-9
Maya 灯光中的环境光

ID 顶点颜色信息。

在低模自烘焙的场合使用顶点颜色 ID，可完全避免高低模材质颜色 ID 烘焙的溢色，也少了导出两次模型的麻烦。

2. 在 Substance Painter 中建立基本模型材质信息

三维贴图绘制软件 Adobe Substance 3D Painter，一般简称为 Substance Painter，软件图标为 Pt，用户习惯简称 SP。它允许用户直接在三维模型上绘制贴图，调用材质预设。也可以自动将模型划分为不同区域遮罩，控制材质属性的填充范围，从而实现蒙尘、划痕、磨损、积垢、锈蚀等智能材质效果。软件中用户可直接预览渲染结果，并按照后续平台应用的需求，将材质信息和绘制内容导出为 PBR 格式贴图。Substance Painter 的软件界面如图 4-10 所示，左侧为工具箱和材质资源库，中间为三维和 UV 视图，右侧为纹理集、图层和属性面板，Substance Painter 的导航方式和 Maya 一致，按住 Alt 键并结合鼠标三键进行。

图 4-10
Substance Painter 界面

Substance Painter 的工作流一般包含如下步骤。

1）以导入的模型新建项目

在"文件"菜单中选择"新建"命令可进入新项目创建面板，单击"选择"命令可选择要绘制贴图的模型文件。有三处值得注意的参数设置，如图 4-11 所示。

（1）文件分辨率：贴图尺寸，未来绘制和导出贴图都按此处设定的分辨率进行。

（2）法线贴图格式：依前面章节的介绍，建议按习惯和输出需求，在 OpenGL 和 DirectX 之间选择。

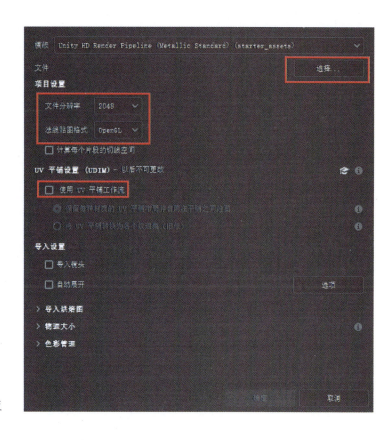

图 4-11
Substance Painter 新建项目面板

（3）使用 UV 平铺工作流：如果模型 UV 使用了 UDIM，则此复选框必须选中。选中后默认激活"保留每种材质 UV 的布局并启用在平铺之间绘画"选项。这里的设置事后不可更改，并且对使用 UDIM 的模型影响很大。如果选中 UDIM 选项后，导致工程创建失败，其原因是模型 UV 存在问题，通常是某一 UV 岛（UV 壳）跨越了象限边界。

2）烘焙贴图

为进行高低模法线烘焙，以及使用 Substance Painter 核心的智能材质功能，在正式绘制和编辑贴图之前需要将必要的信息烘焙为程序内置的贴图。在"模式"菜单中选择"烘焙模型贴图"，即进入烘焙贴图工作方式。需要烘焙生成的贴图和参数如图 4-12 所示。

（1）常规设置（Common Settings）：此处可以在"高模参数"一栏中单击右侧的义档图标，来为当前模型的贴图烘焙指定高模。如果需要从高模向低模烘焙细节，或者需要用材质颜色制作 ID，则此处都需要导入对应的高模。此时参数中的"最大前部距离"和"最大后部距离"相当于八猴渲染器中的包裹框设置，只是控制效果不及后者细致。

如果和本案例一样不存在高模，并且选择用顶点颜色存储 ID 信息，则选中"将低模网格用作高模网格"复选框。此时烘焙贴图将会在低模自身进行。注意烘焙贴图使用的"输出大小"与新建工程时的分辨率设置不同，此参数只影响烘焙贴图的尺寸而非直接用于输出。通常这里的输出大小，应小于或等于项目的分辨率设置。过低的烘焙大小会导致法线贴图烘焙，及智能材质生成效果的质量下降，过高则会增加系统负担。

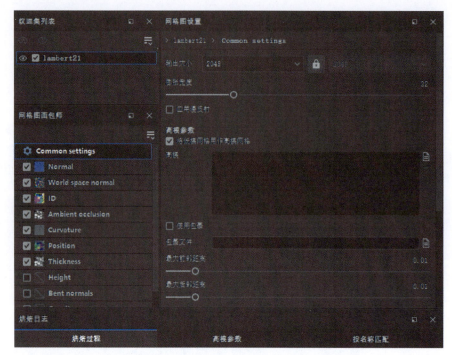

图 4-12
Substance Painter
烘焙贴图面板

（2）烘焙贴图列表：Substance Painter 默认烘焙的贴图包括 Normal（切线空间法线）、World space normal（世界空间法线）、ID、Ambient occlusion（环境光阻塞）、Curvature（曲率）、Position（位置）、Thickness（厚度）等。通过烘焙这些信息，软件可以为低模叠加高模细节，方便材质分区。同时支持为模型不同部位生成蒙尘、划痕、磨损、积垢、锈蚀等智能材质效果。

（3）贴图烘焙参数：本案例中，由于使用顶点颜色存储 ID 信息，因此需要在 ID 的参数中选择"颜色来源"→"顶点颜色"选项。

（4）执行烘焙：单击右侧模型视图下方的"烘焙所选纹理"按钮即可开始烘焙贴图，等待一段时间后，烘焙完成。或者选择"返回至绘画模式"，退出烘焙状态。

3）材质通道的浏览

在绘画模式下，在右侧图层面板中切换至"纹理集设置"，可以看到已烘焙好的贴图。此处可以删除部分贴图而使用外部文件替换，如八猴渲染器烘焙的法线和 ID。在视图右上角浏览内容下拉选项中可以找到对应的烘焙通道，来切换烘焙贴图在模型和 UV 空间的显示效果。注意此处也可以选择材质模式，或浏览输出通道。如图 4-13 所示为浏览环境光阻塞（ambient occlusion，AO）通道的效果。AO 通道代表了模型结构的转角凹缝。现实中间接光照很难进入这些区域，视觉上应表现出变暗的效果。通常情况下，游戏引擎对模型暗部细节的处理效果有限。如果低模仅靠法线贴图还原凹凸结构，就不可能通过光照计算产生完整的暗部细节。AO 一般会叠加在材质的漫反射上，或者导出贴图连接着色器单独的 AO 通道。

切换浏览模式的快捷键为：M 键切换到材质模式，C 键在输出通道间切换，B 键在烘焙通道间切换。案例烘焙的其他贴图：World space normal（世界空间法线）、Curvature（曲率）、Position（位置）、Thickness（厚度）效果如图 4-14 所示。黑白贴图如曲率和厚度贴图的白色表示较高数值，黑色表示较低数值。彩色贴图的 RGB 通道对应记录信息的 X、Y、Z 轴分量，无论对应的是法线偏转角度，还是顶点空间坐标。

图 4-13（右）
案例烘焙的 AO 通道

图 4-14（下）
案例烘焙的世界空间法线、曲率、位置和厚度贴图

3. 在 Substance Painter 中制作材质贴图效果

Substance Painter 中的绘画虽然和平面绘图软件类似，使用绘图工具和图层进行，但实际要更加复杂和自由。

1）图层与贴图绘制思路

软件使用的图层主要有绘画和填充两种，如图 4-15 所示。绘画层允许使用绘画工具，直接在模型上绘制贴图；填充层则往往是调用材质预设或调用一部分材质参数，填充整个模型表面，然后用遮罩（Mask）指定填充范围。由于绘画图层允许用户使用"几何体填充工具"，填充颜色等信息到模型、UV 岛或单独的面。填充层也允许添加绘画特效来

图 4-15
图层和创建图标

使用绘画工具进行修改。因此两种图层是可以相互代替的，用户也会因此形成不同的图层使用习惯。

基于 PBR 各部分材质参数差异较大，需要调用智能材质的项目需求，本书推荐使用以下绘制思路。

（1）基于填充层，依据各材质在模型上占据范围，按从大到小的顺序逐层向上叠加。

（2）用 ID 信息作为填充层的遮罩，控制材质范围。

如有需要，则添加绘画特效来绘制颜色或其他属性通道的变化。

2）图层与绘画工具的材质属性通道

软件的基本材质模型基于 PBR 规则。单击图层或者在使用绘画工具时，属性面板的下方都会出现可供绘制的材质属性通道，默认有 color（颜色）、height（高度）、rough（粗糙度）、metal（金属度）、nrm（法线）。依据项目设置，此处还可以选择自发光属性和透明属性。当在图层中调用材质预设，或者绘画贴图时，所有被激活的材质属性都会受到影响，可以选择取消一些属性通道的激活状态，避免图层或绘制工具对这些通道的最终结果产生影响。

依据 PBR 规则，这些属性在软件内贴图绘制过程中和导出之后的功能如下。

（1）颜色：通常和 Albedo 贴图一样，指的是物体在无光照情况下材质原本具有的颜色。需要注意的是，在属性面板中 Base color（均一颜色）处可以单击色带后面的滴管图标，从屏幕的任意位置吸取颜色。因此如果有其他看图软件可以让图片浮动层叠在 Substance Painter 软件上方，即可实现直接从设计图或参考图上取色。在此推荐一款参考图小软件 Pure Ref。

（2）高度：使用灰度信息表示模型表面沿法线方向的凹凸深度，实际工作中如果模型表面的所有凹凸信息都由高度贴图记录，则它既可以用作 bump（凹凸贴图），也可以用作 Displacement（置换贴图）。在 Substance Painter 中，高度贴图的变化往往是由手绘厚度及调用预设材质生成的。

（3）粗糙度：使用灰度信息来定义材质的粗糙度，白色为完全粗糙，黑色为完全光滑。在材质效果上，粗糙度主要影响高光的范围和清晰程度，光滑表面的高光往往更加明亮、尖锐、清晰。

（4）金属度：使用灰度信息来定义材质类似金属的程度，白色为完全金属，黑色为完全非金属。金属度属性是 PBR 规则比较重要的一个参数，它决定了材质的亮度着色是以镜面反射为主（高金属度）还是以漫反射为主（低金属度）。相同粗糙度、不同金属度的材质效果对比如图 4-16 所示。

（5）法线：前文已有介绍，是高低模烘焙得到的，用来表达凹凸细节的彩色贴图。通常在 Subtance Painter 中，法线贴图不支持直接绘制。但在调用"贴图"资源中的硬表面预设（如铆钉、凹槽、栅格等）时，可以叠加在原有的法线贴图上。

在使用快捷键 C 切换显示通道时，Normal + Height + Mesh 预览的是以法线贴图的方式，显示高度贴图和法线贴图的叠加效果；也是最终导出贴图时，法线贴图包含的信息。

金属度=0　　　　　　　　　金属度=0.5　　　　　　　　　金属度=1

图 4-16
材质不同金属度的对比

3）用图层创建基本材质和颜色效果

在本案例中，角色最终的渲染效果模拟盲盒玩具，因此材质信息变化较少。

（1）创建填充层：从角色颜色面积比较大的材质（如白色或紫色）开始创建。除修改填充层颜色外，其他材质属性保持默认。注意填充和绘画效果默认不能跨越纹理集，因此建议低模整体使用同一个材质球，如果 UV 使用了多个象限，则创建项目时一定要开启 UDIM。

（2）ID 遮罩：在图层上右击选择"添加颜色选择遮罩"，或者在"新建绘画图层"左边的"添加遮罩"图标下拉列表中也可找到该选项。此时属性面板进入"颜色选择"状态，如图 4-17 所示。单击带有滴管图标的"选取颜色"按钮，视图自动进入 ID 通道显示模式。直接单击任意颜色位置，即可让该颜色 ID 区域成为图层的遮罩范围。

注意：每一个图层的颜色选择遮罩可以指定不止一种 ID 颜色，错误或者多出来的颜色可以单击色标后面的"-"号图标删除。在 ID 颜色由于彼此太接近而混淆，被错误纳入遮罩的情况下，可以适当减少"公差"数值，但不要太低。

图 4-17
颜色选择遮罩调用 ID

（3）调用材质：在填充层属性中，除了指定颜色之外，还可以单击"材质模式"按钮调用软件的材质预设。也可以选择在资源库中找到材质预设，拖曳到"材质模式"按钮上。例如，在角色的金属饰物图层上我们调用了 Brass Pure（黄铜）材质预设。它同时影响了图层的颜色、粗糙度和金属度属性，如图 4-18 所示。

手动修改颜色并适当增加粗糙度，使角色对应部位呈现出哑光金色材质的效果。

（4）绘制细节：在填充层的右键菜单中选择"添加绘图"，或者在"添加遮罩"图标

图 4-18
调用材质预设制作金属部分

左侧的"添加特效"图标下拉列表中也可找到该选项。填充层添加绘图特效之后,下方会出现绘画特效栏,单击即可在填充层上使用绘画相关的工具。

绘画工具自上而下以快捷键"1"至"6"访问,分别是:1—绘画、2—橡皮擦、3—映射、4—几何体填充(油漆桶)、5—涂抹、6—克隆(图章)。与常规绘图软件工具类似,绘画时,按住 Ctrl 键,则左键水平拖曳控制笔刷流量,垂直拖曳控制笔刷旋转,右键水平拖曳控制笔刷尺寸,垂直拖曳控制笔刷边缘硬度。用户可随时按住 Ctrl 键或 Shift 键在视图左下角列表分别检查按住此二键时对应的快捷键操作。

在本案例中,需绘制的细节主要包括眼球虹膜和面部腮红。当需要对已绘制颜色进行模糊时,可使用资源库笔刷一栏的 Blur(模糊笔刷)。为保持绘制的对称效果,可打开视图上方的对称开关,如图 4-19 所示,如在导入前模型已按世界坐标左右对称,则红色对称线会正确出现在角色中轴的位置。

模糊笔刷会自动激活涂抹工具,如想要完成模糊操作后,切换回绘画操作,则可以按快捷键"1"切换工具,并在笔刷资源中选择带有 Basic 前缀的基础笔刷。

4)贴图的导出和使用

在文件菜单下选择"导出贴图"即可进入"导出纹理"面板,选择输出目录以存放导出的贴图。

(1)导出规则:可在"输出模板"一栏的下拉列表中选择与最终使用渲染环境一致的贴图预设。在本案例中,此处选择 Arnold(AiStandard)以对应 Maya 的阿诺德渲染器。

最终导出的贴图包含颜色、金属度、粗糙度、法线、高度和自发光（如果有），以文件名后缀进行区分。如果使用了 UDIM，则按照象限位置，导出的贴图在文件名和扩展名之间还会增加".1001"这样的象限编号。

（2）贴图使用方法：在 Maya 中调用 Substance Painter 导出的贴图，可借助自带的 Arnold 渲染器的默认材质 Ai Standard Surface，各贴图连接的属性通道如图 4-20 所示。注意，除颜色贴图文件的颜色空间不需修改之外，其他所有贴图的颜色空间均需改为 Raw。金属度和粗糙度两个黑白贴图会使用 Alpha 属性连接材质球的对应通道，因此需要在贴图文件参数的"颜色平衡"一栏下，选中"Alpha 为亮度"选项。最终，在 HyperShade 中查看 Arnold 标准材质球调用 Substance Painter 导出贴图的节点连接如图 4-21 所示。

注意：金属度高的材质漫反射效果低，因此材质颜色的 Weight（漫反射权重）与金属度应该是负相关关系，并且实际颜色更加依赖 Specular（高光）的颜色。在没有灯光反射环境的情况下，金属度高的材质在渲染和预览时会非常暗，通常在使用 HDR 贴图的 SkyDome Light（天穹灯光）照明下，高金属度材质才会有正确的渲染结果。

（3）为贴图使用 UDIM：如果贴图使用了 UDIM，那么在贴图文件节点的"UV 平铺模式"选项下拉列表中选择 UDIM（Mari）选项，即可自动识别 UDIM 贴图的象限编号。

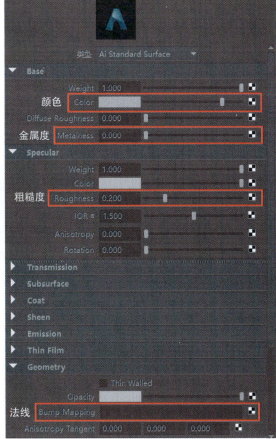

图 4-19（上）
开启对称绘制贴图

图 4-20（右）
Maya 的 Arnold 标准材质球属性通道

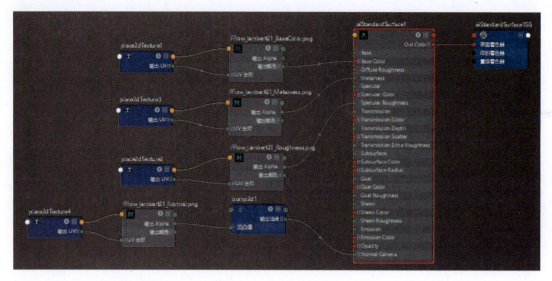

图 4-21
Arnold 标准材质球调用 Substance Painter 导出贴图的节点连接

只不过目前 Maya 对 UDIM 贴图的预览支持有限制，需要在渲染结果中才能看到完整效果。本案例未使用 UDIM，不涉及该问题。

4.1.3 灯光环境的还原与渲染

如果想在三维 DCC 软件中还原 Substance Painter 的渲染效果，则可以直接将软件内的灯光环境资源导出。用户无须担心导出灯光信息在不同软件平台下的兼容性，因为 Substance Painter 使用 HDR 贴图来搭建灯光环境。软件内的灯光环境以图片文件格式存储在安装目录下。用户可以在资源库的最后一栏中找到内置的 HDR 贴图，如图 4-22 所示，直接将其拖曳进视图即可切换当前的灯光环境。在 Substance Painter 中，灯光环境可按住 Shift 键 + 右键拖曳进行旋转。需要注意的是，大多数以模拟真实场景光照为目标生成的 HDR 照明效果都有一定的颜色倾向，为正确浏览材质贴图效果，推荐在工作过程中选择 studio（工作室）前缀的黑白 HDR 灯光环境。

1. HDR 的概念

高动态范围图像（high-dynamic range，HDR），相比普通的图像，可以提供更高的亮度动态范围和图像

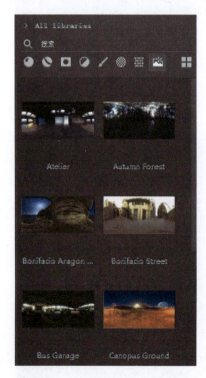

图 4-22
Substance Painter 内置的 HDR 图

细节。在 CG 领域，HDR 图片通过高亮度分辨率记录了图片环境中的照明信息，因此可以使用这种图像代替复杂的灯光设置，来还原 HDR 贴图记录的光照环境对场景进行照明。

1）HDR 图片的特征

HDR 图片的高动态分辨率意味着它可以记录更多的光照信息细节，如在一般的图片中，一张白纸和一个 LED 台灯的颜色很可能是一样的白色，但 HDR 图片可将自发光的白色物体记录为更高的亮度。在 HDR 图充当灯光照明环境时，可以比白纸这样的反射物贡献更强的照明效果。因此，HDR 图片往往需要 32 位色深的记录格式，通常使用 .hdr 作为扩展名。普通的图片用作 HDR 图片往往不能获得正确的照明结果，目前网络上有很多现成的 HDR 灯光环境图片可以下载。可以使用小软件如 HDR Shop 来预览和转换 .hdr 格式的文件，并且该软件也有制作 HDR 图片的功能。

HDR 图片往往以全景图形式记录，也可能会存在鱼眼、天空盒等多种应用格式，如图 4-23 所示。HDR Shop 可将 HDR 图片在这几种模式之间进行转换。HDR 图片对周围360° 范围的环境都进行了记录，因而在提供光照的同时也提供了反射环境，对于金属度较高的材质对象，在环境细节不足的情况下，往往只能依赖 HDR 图片提供的可反射内容才能形成正确的视觉效果。HDR 技术目前广泛应用于动画和游戏制作领域。

图 4-23
全景和鱼眼 HDR 图

2）HDR 图片的制作

在实际项目中，如果涉及 CG 角色和真实场景的合成，一种比较常见的方式就是拍摄采集场景的光照环境，转换成 HDR 图片为 CG 对象提供照明。这样做可以逼真地还原现场的灯光环境，使 CG 对象和实景非常贴合，便于后期合成。尤其是 CG 角色和真人角色协同表演时，二者的灯光一致非常重要。目前还出现了为真人演员模拟照明环境的 LED 灯光阵列，这种设备逆转了现实光照和 CG 灯光的关系，用 CG 场景作为光照环境，分布投射在360° 环绕真人演员的若干 LED 灯光上，来达到现实灯光环境对三维 CG 场景的还原。

通过拍照记录真实环境来自制 HDR 图片的方法，往往需要使用铬钢球或者鱼眼镜头，通过多次采用不同曝光值进行拍摄，然后由专门的软件进行拼接合成 .hdr 格式，如图 4-24 所示。

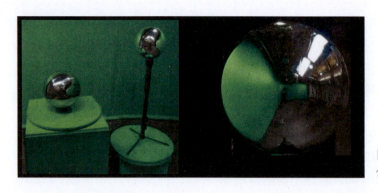

图 4-24
使用铬钢球拍摄制作 HDR 图片

2. HDR 照明效果的实现

以 Maya 的自带渲染器 Arnold 对 HDR 图片的使用为例，用户通常可使用渲染器内置的 SkyDome Light（天穹灯光）来调用 HDR 图片。同时也有一些智能插件可以快速实现灯光环境的搭建，以及 HDR 资源的调用和替换。

1）Arnold 的灯光

在工具架的 Arnold 选项卡下，前六项是灯光创建按钮，分别是区域光、模型光、光学灯光、天穹灯光、门窗灯光、物理天空。和标准材质一样，通常用 Arnold 自带的灯光可以获得更准确的参数控制和更好的渲染结果。可单击 Create SkyDome Light 按钮创建天穹灯光，如图 4-25 所示。

图 4-25
Arnold 的灯光：天穹灯光

天穹灯光是以球形向内部进行照明的灯光类型，可以在 Color（颜色）通道上连接文件纹理以调用 HDR 图片。之后即可在场景中看到贴图生成的灯光环境，如图 4-26 所示。按快捷键"7"可预览灯光照明效果。

在 Arnold 内置灯光参数中，Intensity（强度）和 Exposure（曝光）均可改变灯光亮度，后者调节时对亮度的影响更大一些。由于天穹灯光没有衰减，用户只需要微调这两个参数就能获得理想的照明亮度。而对于面光这样带有衰减的灯光类型，则往往需要将上述参数调到较高才能正确照亮目标物体。在 Maya 内置灯光中，"平行光"也是少数无衰减的灯光类型之一。如某一灯光照明噪点较明显，则可以在属性编辑器中适当提高 Sample（采样）的数值。

2）Arnold 渲染参数

Maya 中 Arnold 渲染器的基本设置非常简单，可以单击状态行上的"渲染设置"图标开启面板。注意，在"使用以下渲染器"一栏的下拉列表中，可选择软件内置或通过

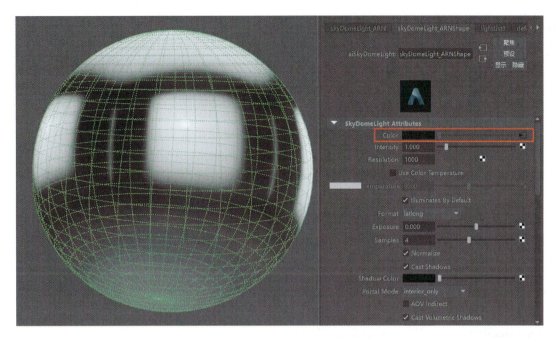

图 4-26
天穹灯光连接 HDR 图

插件安装的渲染器，须将其设置到 Arnold Renderer 才可以启用 Arnold 作为当前渲染器。"公用"选项卡下可设置渲染输出图片的格式和尺寸，如图 4-27 所示。设置完成后，单击"渲染当前帧"按钮可将当前视图按设定尺寸渲染为图片文件进行浏览，测试渲染时间和质量。

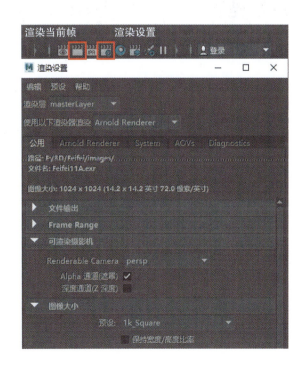

图 4-27
渲染按钮和公用渲染设置

在观察渲染结果时，我们会发现 Maya 的渲染图范围与视图并不完全吻合。只有在视图上方单击"分辨率门"按钮为摄像机开启分辨率框，才能判断最终渲染输出的可视范围。

Arnold 选项卡下 Camera（AA）为全局采样，用以整体控制渲染质量。Camera（AA）主要影响渲染结果的噪点，数值越高噪点越少，但渲染时间也会显著增加。Camera（AA）和其他所有采样参数之间是平方相乘关系，因此不可一下增加太多。以教学环境的机器配置和毕业创作对渲染质量的需求，通常在预览时将 Camera（AA）设置为 3~4，实际渲染时设置为 5~6 即可。本案例的渲染参数和渲染效果如图 4-28 所示。

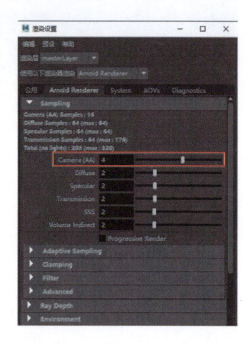

图 4-28
案例渲染参数和渲染效果

Arnold 目前将所有渲染的后期处理效果，集成在渲染选项下方的 Imager 模块内，包括智能降噪、校色、曝光、白平衡调节等，均可在此处添加对应的修改器（Imager）来影响渲染结果。具体使用方法在此不做赘述。

3. 快速灯光预设工具

和大多数三维 DCC 软件类似，Maya 也拥有快速调用和切换灯光预设，来作为场景照明的插件。在此推荐 Create 3d Characters 公司旗下的 Zoo Tools Pro。安装完成后，使用它的 Light Presets（灯光预设）功能即可调用现成的灯光环境到当前场景。插件提供灯光预设的效果预览图标，支持生成对应 Arnold、Redshift 和 Renderman 三个渲染器的灯光类型，如图 4-29 所示。大多数灯光预设都是基于 HDR 图片实现的，已调用的灯光预设在切换到其他灯光预设时会直接替换更新，无须手动删除灯光。

图 4-29
Zoo Tools Pro 的灯光预设

注意：其实 Zoo Tools Pro 是一系列插件和资源的集成。除了调用灯光预设外，它几乎涉足全部的三维制作流程的辅助增效功能。最近，Create 3d Characters 发布了 Zoo Chat GPT，这是一个在 Maya 内部集成 ChatGPT 的新工具。该工具目前处于测试阶段，允许使用 OpenAI 的 AI 聊天机器人，在 3D 动画软件中编写简单的 Python 和 MEL 脚本，或使用自然语言命令控制 Maya，是 AIGC 接入三维软件工作流程的全新尝试。

4.2 AIGC 三维贴图智能生成和投射

AIGC 贴图是软件通过模型信息，自动为其各部位生成材质属性贴图的技术。目前部分 AI 在线文生模型平台标榜可以在 AI 建模的同时智能生成 PBR 贴图，或者为用户上传的模型根据文字描述自动生成贴图。

随着 ChatGPT 展示出强大的语言理解和生成能力，AIGC 发展迅速，涌现了众多专注于不同模态的内容生成工具。这些工具从文本到图片生成，逐渐扩展到了三维建模领域。在 AIGC 的推动下，三维贴图的实时生成技术利用先进的机器学习模型，自动化地创建高度复杂且逼真的图像贴图。这些技术通过分析大量图像数据，学习如何模拟真实世界的光影、纹理和材质。通过运用如生成对抗网络（GAN）、深度学习和变换器模型等技术，AIGC 可显著减少创建三维贴图所需的工作量，并能快速生成符合特定视觉要求的贴图。本节将详细探讨 AIGC 在线上和本地环境中，实时生成及投射三维贴图的应用，展示这些先进技术如何为三维视觉内容创作带来革新。

4.2.1 三维软件的智能贴图

传统的三维贴图制作软件如 Substance Painter 的智能材质效果,是在为模型烘焙贴图的基础上,通过空间和凹凸信息智能计算各部位的遮罩,来为同一材质的不同结构分别赋予材质属性生成的。例如,模型顶部更容易蒙尘,侧边容易有水痕;曲率变化较大的模型结构,凸出部分更容易磨损、凹陷部分更容易积垢,等等。目前 Zbrush 的插件 ZTexturator 也具备类似的功能,如图 4-30 所示。

图 4-30
智能材质贴图插件 ZTexturator

1. Substance Painter 的智能材质

此功能在软件中可以直接从资源库中调用,直接拖曳材质球到图层即可新建一个智能材质组,每一个智能材质组其实是一系列使用智能遮罩的材质图层的集合。注意,只有为模型执行过烘焙贴图操作,才能让智能材质产生正确的效果。智能材质的基本视觉参数(如颜色和特效范围等)都可以展开智能材质组,在其中对应的图层中进行修改。使用软件自带的 Meet Mat 范例模型调用智能材质的效果如图 4-31 所示。用户可以通过"文件"→"打开样本"菜单找到软件自带的范例文件。

图 4-31
智能材质在范例文件 Meet Mat 上的效果

2. 多个纹理集的处理

Meet Mat 文件是一个带有底座的卡通人物形象。它默认有三个纹理集，分别对应模型的头部、身体和底座。在调用智能材质和手绘编辑过程中，我们会发现操作无法同时对多个纹理集产生效果。纹理集一般是项目包含复数个模型物体或多个材质导致的，每一个纹理集在导出贴图时，会单独对应一套贴图，对贴图的编辑和后续使用都会造成不便。因此通常需要保证导入 Substance Painter 的模型仅有一个纹理集。

如果想要智能材质组或图层跨纹理集发挥作用，可在图层上右击，在弹出的快捷菜单中，选择"跨纹理集链接"选项，再选择需要影响的纹理集，即可同时对多个纹理集起作用。跨纹理集的图层旁边会有多层图标标记，如图 4-32 所示。

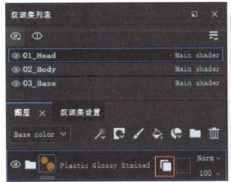
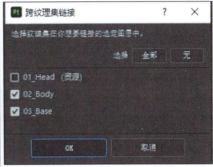

图 4-32 纹理集和跨纹理集链接操作

4.2.2　AIGC 线上智能贴图平台

由于云端具有强大的计算能力、可扩展性和即时更新等优势，AIGC 三维贴图主要集中于线上平台。这些平台通常提供用户友好的界面，允许用户上传三维模型文件或者提供描述性的文本。随后 AI 系统会根据输入自动生成相应的纹理贴图。目前较为成熟且好用的 AIGC 线上智能贴图生成平台有 Meshy、Leonardo 和 3Dpresso 等。图 4-33 展示了对相同模型，使用相同提示词情况下，这三个平台的贴图生成效果。

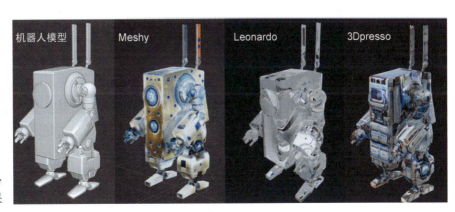

图 4-33 三个 AIGC 平台的贴图生成效果

从图 4-33 中可以看出，Meshy 和 3Dpresso 平台生成的贴图效果较好。在界面交互和生图速度方面，Meshy 优于 3Dpresso。综合比较，Meshy 是目前较好的 AIGC 线上智能贴图平台。本书将结合案例详细说明如何在 Meshy 平台上进行智能贴图。

1. Meshy 的 AI 材质生成功能

Meshy 除前文所述 AIGC 模型生成功能外，也具备智能贴图生成功能。即"AI 材质生成"。该工具有文本提示和概念艺术两种模式。AI 材质生成更适合为道具、建筑物和武器等物体生成纹理，而生成角色和动物的贴图质量仍有可改进的空间。

2. AI 材质生成工具的选择与模型导入

为了在 Meshy 平台上生成 AI 材质贴图，首先需要完成模型的导入和初步设置。可参考如下步骤操作。

（1）打开 Meshy 官网并进入 AI 材质生成页面。

（2）单击"新建项目"按钮。

（3）按照平台要求上传三维模型文件，并为项目命名。相关操作步骤如图 4-34 所示。

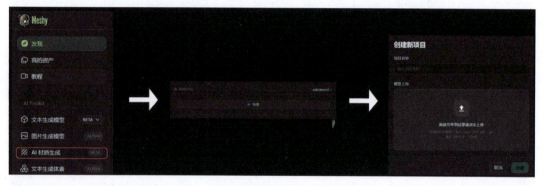

图 4-34

AI 材质生成页面与模型导入步骤

3. 文本提示模式下的 AIGC 贴图生成

在文本提示模式下，通过输入文本描述生成模型的贴图，具体步骤如下。

1）定义模型主体

清晰简洁地描述 3D 模型表达的对象分类，如角色、动物、建筑或道具，以便 Meshy 准确捕捉模型对应的结构和材质贴图范式。

2）输入提示词

Meshy 支持各种风格，包括写实、卡通、低多边形和像素风格。用户可以输入具体的风格，也可以提供喜欢的游戏、电影素材等作为参考，使 Meshy 更好地理解用户的审美需求。除此之外，加入一些更加详细简洁的描述词语，可以让生成的贴图更符合预期。用户可以考虑颜色、纹理和材质属性等要素，使用诸如"金""铜"或"玉"等提示词。通过浏览 Meshy 社区其他用户分享的作品，使用者可以从别人作品的提示词中汲取灵感，并运用到创作中。提示词的输入示例如图 4-35 所示。

3)选择艺术风格

文本提示模式包含多种艺术风格,如写实、2.5D 卡通、日漫手绘、卡通勾线、写实手绘、2.5D 手绘、东方彩墨等,选择这些风格可以更好地生成我们想要的贴图。在相同模型和提示词的情况下,不同风格的生成效果如图 4-36 所示。

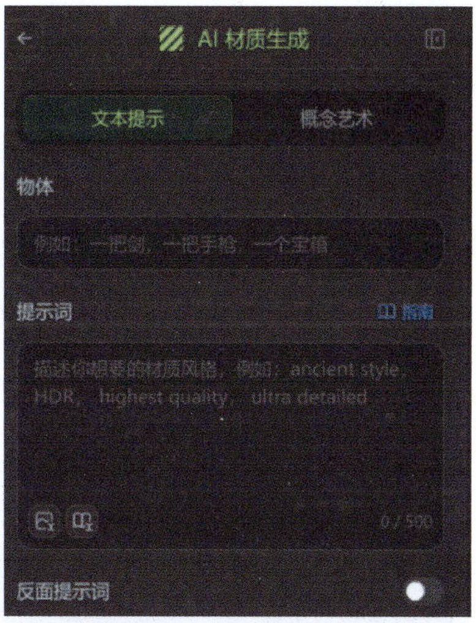

图 4-35(右)
文本提示模式输入情况

图 4-36(下)
相同模型和提示词下,不同风格的 AIGC 贴图效果

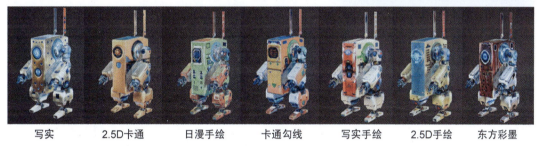

4)设定其他参数并生成贴图

AI 材质生成工具提供包括"使用原始 UV""生成 PBR 贴图""分辨率"和"使用固定随机数种子"的可设置选项,如图 4-37 所示。

根据 Meshy 官方指南,建议使用模型原始的 UV 展开结果。这意味着原模型在导入平台前最好已完成 UV 展开。如果禁用原始 UV,则 Meshy 将使用 AI 自动进行 UV 展开。但由于当前技术限制,自动生成的 UV 展开效果不理想,可能会破坏原始模型的结构。在相同模型、提示词和种子下,使用原始 UV 和未使用原始 UV 的对比效果如图 4-38 所示。

基于物理的渲染(PBR)技术模拟了真实世

图 4-37
贴图生成设置选项

界中物体表面的光学特性，从而实现更加逼真的视觉效果，Meshy 提供了 PBR 贴图的选项。若选择生成 PBR 贴图，系统将生成反射率（albedo）、粗糙度、金属度和法线四种贴图。若不选择 PBR 贴图，则仅生成反射率贴图。图 4-39 展示了未选择 PBR 贴图和选择 PBR 贴图的对比效果。

目前 Meshy 支持 1K、2K 和 4K 分辨率，分辨率越高，贴图展示的细节越丰富，视觉效果越清晰。此外，Meshy 提供了固定随机数种子的选项，该选项允许在相同提示词和种子条件下多次生成稳定一致的结果。

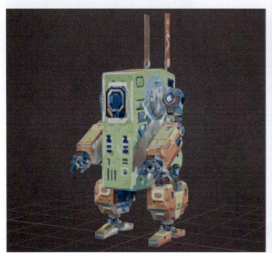

图 4-38
使用原始 UV（左）和未使用原始 UV（右）的对比效果

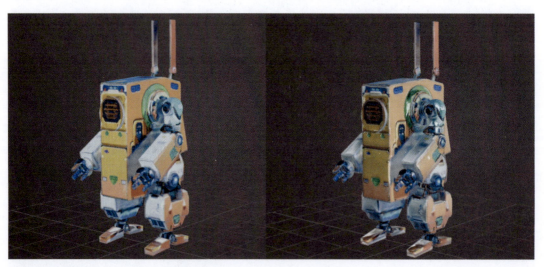

图 4-39
未选择 PBR 贴图（左）和选择 PBR 贴图（右）生成结果对比效果

4. 概念艺术模式下生成贴图

概念艺术模式允许用户选择 2D 概念艺术设计效果图作为输入。平台支持上传具有多个视图的概念图,将其智能转化为贴图纹理应用于原始模型。需要注意的是,前文提到的 Leonardo 和 3Dpresso 平台并不具备此功能。概念艺术模式的操作界面如图 4-40 所示。

图 4-40
概念艺术模式的操作界面

概念艺术模式的操作步骤与文本提示模式类似,区别在于将输入的提示词替换为多张概念图。在导入概念图时,需要确保导入的是同一单个物体的图像,且三张不同视角的图像应为标准正交视图,并选择白色、单色或无背景的图像。官方提供的导入概念图参考示例如图 4-41 所示。

图 4-41
官方提供的导入概念图参考示例

5. 贴图下载与后期人工调整

若要下载生成的贴图和模型，只需单击操作界面的右侧工具栏"下载"按钮，Meshy 支持下载 .fbx、.obj、.glb 等文件格式。目前，AIGC 线上智能贴图平台生成的贴图质量尚未达到传统制作流程的水平，在商业应用中略显不足，并且在一些细节方面存在瑕疵。然而，考虑到 AIGC 极大地节省了制图时间，其生成的总体视觉效果已让人眼前一亮。可以预见，随着 AIGC 技术的发展和图像学习数据的增加，其生成的贴图质量将显著提升。

1）AIGC 贴图存在的问题

通过观察 Meshy 生成的贴图和模型渲染结果，可以发现一些瑕疵。首先，在一些视线遮挡的区域，容易生成错误的贴图效果，如图 4-42 所示，机器人身体靠近手臂的一侧存在将手臂贴图投射至身体的错误。其次，贴图存在一些局部模糊和锯齿现象，如图 4-43 所示。

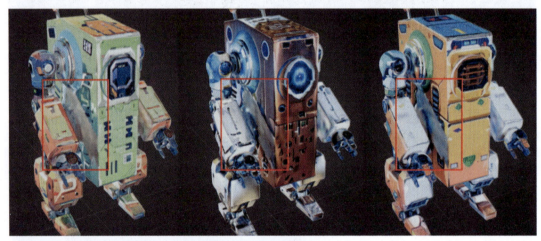

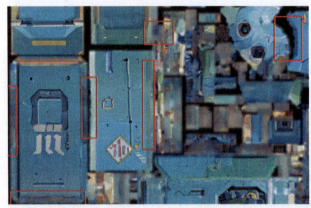

图 4-42（上）
机器人身体靠近手臂一侧存在贴图错误

图 4-43（左）
贴图存在一些局部模糊和锯齿现象

为解决线上 AI 平台生成贴图存在的问题，用户可以通过后期人工调整来修复，如将贴图导入 Photoshop、Substance Painter 或 Mari 等贴图绘制软件中进行手动修复，但对于复杂的贴图来说，这一过程既考验创作者的美术功底，又耗费大量时间。值得一提的是，AIGC 技术也可以用于辅助这一过程，从而提高修复效率。由于粗糙度、金属度和法线贴图的人工修复较为简单，不适用于 AIGC 修复，因此本文不再赘述。

2）贴图错误修正

针对机器人身体靠近手臂一侧的贴图错误，可以利用 Stable Diffusion 的图生图功能搭配 ControlNet 的 Canny 边缘检测进行修复。具体步骤如下。

（1）准备图生图素材：①在反射率贴图及 UV 贴图上将错误位置单独裁剪出来；②利用 Photoshop 的内容识别填充功能简单修复错误位置；③在裁剪的 UV 图上擦除多余线条，保留有用的线条，以便 Canny 进行边缘检测。如图 4-44 所示。

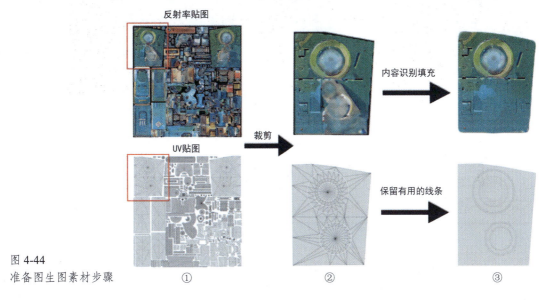

图 4-44
准备图生图素材步骤

（2）利用 Stable Diffusion 进行绘制：①进入 Stable Diffusion 图生图界面并导入图片素材；②根据绘图风格选择大模型，输入提示词；③打开 ControlNet 插件并选择 Canny 预处理器进行边缘检测；④设定重绘幅度和图片尺寸，生成满意的图片，如图 4-45 所示。

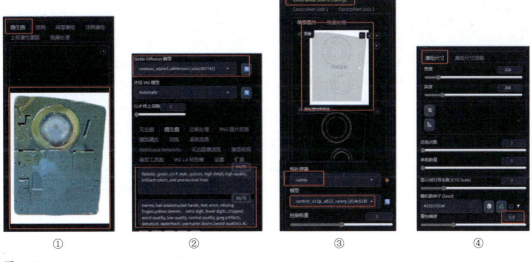

图 4-45
利用 Stable Diffusion 进行绘制的步骤

（3）合并到原始贴图：利用 Photoshop 将生成的局部反射率贴图叠放到原本完整的反射率贴图上，如图 4-46 所示。

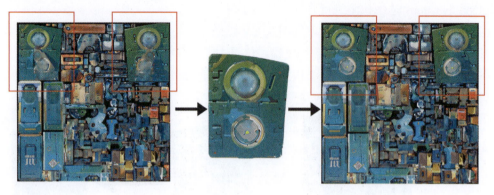

图 4-46
局部修改合并到原始贴图的步骤

3）画质修复

针对贴图存在一些模糊现象，我们可以使用 Stable Diffusion 的 Ultimate SD upscale 脚本进行画质修复。

（1）导入图片和基本设置：将修改后的反射率贴图导入 Stable Diffusion 图生图模式，同前文一样，设定大模型、提示词、图片尺寸、ControlNet 插件等。

（2）启用放大运算脚本：在 WebUI 底部选中 Ultimate SD upscale 脚本。由于该反射率贴图偏向动漫风格，故放大算法可以选择 R-ESRGAN 4x+Anime6，其他参数保持默认状态。Ultimate SD upscale 脚本设定参考如图 4-47 所示。

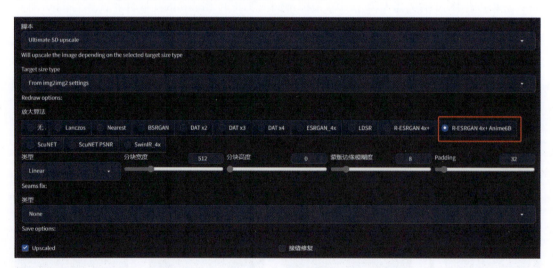

图 4-47
Ultimate SD upscale 脚本设定参考

（3）生成贴图：单击"生成"按钮以图生图方式生成画质修复的贴图结果。反射率贴图修复前后的对比如图 4-48 所示，修复后的贴图明显优于修复前。

图 4-48　　　　　　　　　　　(a) 修复前　　　　　　　　　　(b) 修复后
反射率贴图修复前后对比

将修复后的贴图导入 Substance Painter 软件,并应用到模型上,可以更直观地预览整体效果。对于一些不满意的细节,可以继续人工修正。最终的渲染结果如图 4-49 所示。

图 4-49
最终的渲染结果

4.2.3　AIGC 本地智能贴图生成和投射

与之前提到的 AIGC 线上智能贴图平台相比,本地智能贴图生成主要依赖用户计算机的硬件配置,包括中央处理器(CPU)、图形处理器(GPU)和内存的性能。这些硬件配置决定了模型训练和推理的速度与效率。本地智能贴图生成的一个显著优势在于其能够更好地保护用户的数据隐私。与将模型数据上传到云端进行处理相比,将文件始终保存在本地设备上,可以降低数据泄露的风险。对于那些对项目内容保密有较高要求的用户而言,这一优势尤为重要。

AIGC 本地智能贴图生成利用摄像机 UV 投射技术,通过观察者的位置和角度,对模型进行平面 UV 展开操作,将 AIGC 生成的贴图纹理精确地投射到三维模型的表面上。这个过程确保了贴图在模型表面的变形和缩放与观察角度一致,从而增强了视觉效果的逼真度。

AIGC 本地智能贴图生成和投射主要使用的 AIGC 平台为 Stable Diffusion,本文将结合三维建模软件 Blender 进行案例示范操作。具体步骤如下。

1. 生成深度图

Stable Diffusion 的 ControlNet 支持将图片的深度信息识别，作为图片生成的参考输入。这一点给予了三维贴图制作流程利用 AIGC 以灵感。Blender 是开源三维 DCC 软件，拥有完善的功能模块，可以支撑三维动画制作和三维美术设计的完整工作流程。社区用户的活跃为 Blender 提供了较为丰富的学习资源，以及与流行风格、新技术工具相结合的更新速度优势。本案例使用的摄像机投射 UV 展开和深度图渲染，在大多数三维 DCC 软件中都可以完成。只不过在 Blender 中，这些功能的操作更为直观便捷。

1）设置镜头位置以确定投射视角

（1）在 Blender 中导入模型，添加摄像机，调整摄像机角度，以确定一个理想的模型投射视角。为了快速调整摄像机角度，用户可以选中摄像机，单击标题栏"视图"下拉菜单中的"对齐视图"命令，并选择"活动摄像机对齐当前视角"选项。具体位置如图 4-50 所示。

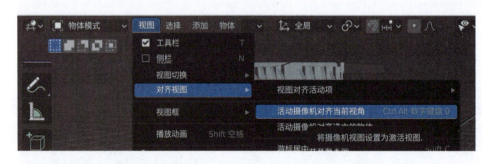

图 4-50 快速调整摄像机角度

（2）在 3D 视图框的右侧单击摄像机图标，或者使用快捷键"0"切换摄像机视角，长按快捷键"G"可以调整摄像机角度。通过调整摄像机角度确定最终投射视角，具体操作界面如图 4-51 所示。

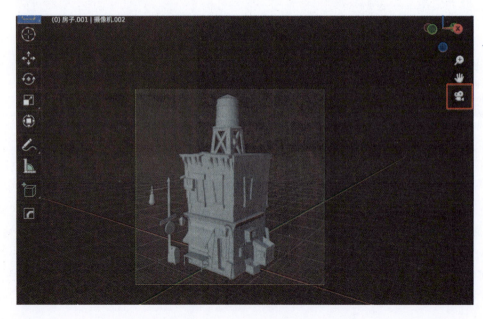

图 4-51 切换摄像机视角

2)雾场视图渲染设置

(1)进入材质预览视图着色方式,选择渲染通道"雾场"。雾场通道用于添加深度感和大气效果,它可以为场景增添雾效,使远处的物体显得更加模糊,从而增强场景的景深和立体感。具体位置如图 4-52 所示。

图 4-52
雾场通道选择

(2)在导航栏中选择"世界属性",展开"雾场通道"选项。雾场通道有起始、深度和衰减三个设置参数。起始控制从摄像机位置计算雾效的起始距离;深度控制雾效的结束距离;衰减是控制雾效衰减的过渡类型,具体位置如图 4-53 所示。

3)深度图生成

(1)摄像机视角下,通过调整起始、深度和衰减三个设置参数,可以选择出合适的深度图。深度图质量可依据如下标准进行评价。

首先,准确性是关键,深度图应该准确反映场景中各个点到相机的距离,深度值应与实际的几何深度一致,并且深度图中不应出现明显的几何畸变或错误。其次,一致性也很重要,深度值应在不同物体表面和深度变化较大的区域之间平滑过渡,除物体边缘外需避免突然的深度跳跃。同时,深度图中的深度值应在同一物体表面上保持一致。再次,噪声控制是确保深度图质量的

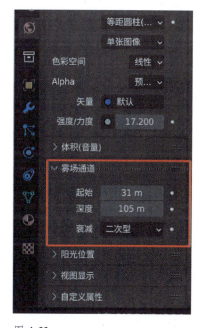

图 4-53
雾场通道参数设定

另一个重要因素，深度图应尽量减少噪声和误差，因为噪声会导致深度值的不稳定，从而影响后续处理和应用。最后，深度图应具有适当的对比度，以便能够清晰地区分不同深度层次。特别是在复杂的场景中，这一点尤为重要。

（2）确定好深度图后，单击标题栏"视图"下拉菜单中的"视图渲染图像"命令，创建激活视图的快照。随后进入渲染视图，通过标题栏的"图像"菜单将渲染的图片保存。具体操作如图 4-54 所示。

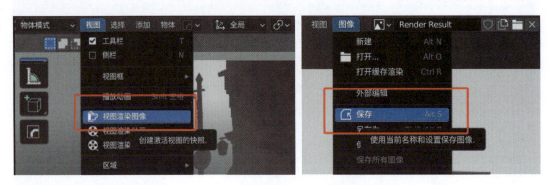

图 4-54
视图渲染图像并保存

（3）由于 ControlNet 中的深度信息识别以白色表示靠近，黑色表示远离，与雾场生成结果相反。因此，利用 Photoshop 对保存的深度图添加"反相"的调整图层，输出可用的深度图。具体操作如图 4-55 所示。

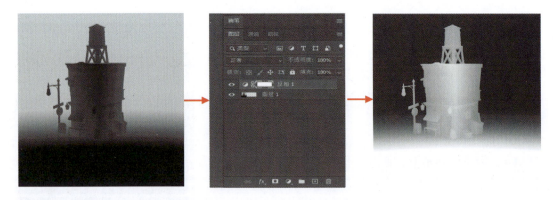

图 4-55
对保存的深度图添加"反相"的调整图层

2. 摄像机视角投射展开 UV

进入 UV 编辑工作区，切换至摄像机视图，选中模型并进入编辑模式，全选模型的所有面。单击标签栏的 UV 菜单，选择"从视角投影"选项进行 UV 展开。具体操作如图 4-56 所示。

这将使模型获得一个与摄像机方向一致的平面投射展开 UV 结果，如图 4-57 所示。

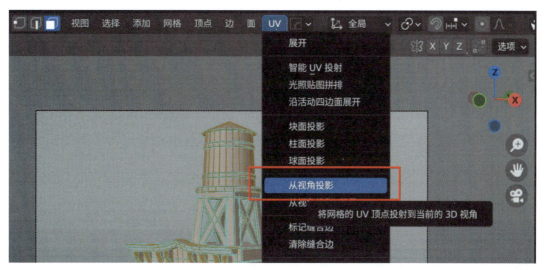

图 4-56
选择"从视角投影"进行 UV 展开

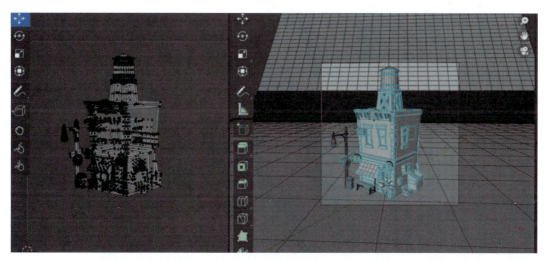

图 4-57
摄像机投射 UV 展开结果

3. Stable Diffusion 生成贴图

1）模型选择和提示词输入

打开 Stable Diffusion，进入文本生成图像界面。可以根据个人偏好选择大模型，本次案例使用的是 ReV Animated 大模型。

输入提示词，例如本案例是一个带有水塔的房子模型，正向提示词主体可以写成"A cartoon house on the hillside, the house has a water tower"，并可以加入风格设计，如"3D, exquisite, brilliant colors"。为提高图片质量，可以在提示词开头加入一些描述质量的词，如"Best Quality, Masterpiece, Detailed, High Resolution, 4K"。反向提示词可以加入一些常用的质量提示词，如"worst quality, low quality, lowres"。

2）ControlNet 设置

打开 ControlNet 插件，导入前一步骤生成的深度图。预处理器的作用一般在于从已有图像提取所需信息交给模型处理以引导输出结果。本案例中，因为导入的图像已经是深度图，不需要进行预处理，因此预处理可选择 none 选项，模型选择深度图模型 control_v11f1p_sd15_depth，其他设置保持默认。ControlNet 设置如图 4-58 所示。

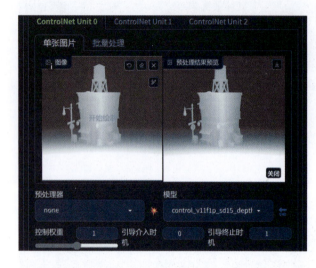

图 4-58 ControlNet 设定

3）生成图片

设置生成图片的尺寸，建议和 UV 贴图比例保持一致（通常为正方形），生成贴图，选择自己喜欢的图像。通过修改为不同提示词，Stable Diffusion 生成了多种风格的图片，展示效果如图 4-59 所示。

图 4-59 Stable Diffusion 生成的图片

4. 贴图映射

（1）打开 Blender，进入着色工作区，对模型"新建"材质。具体位置如图 4-60 所示。

（2）将贴图直接拖动到节点框，连接到"原理化 BSDF"的基础色，进行简单的上色。节点连接如图 4-61 所示。

完成以上步骤，可以在 Blender 的着色工作区观察模型的贴图情况。模型不同视角的贴图效果如图 4-62 所示。在原本视角（即偏正面）附近移动时，虽然在一些细节上存在错误，但是总体效果还是不错的。但在原视角的背面，贴图效果出现了严重错误。

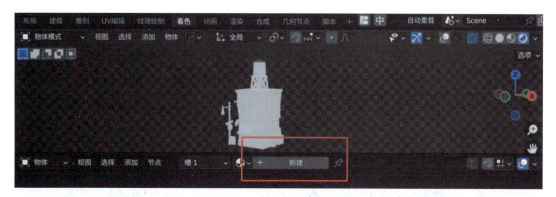

图 4-60
对模型"新建"材质

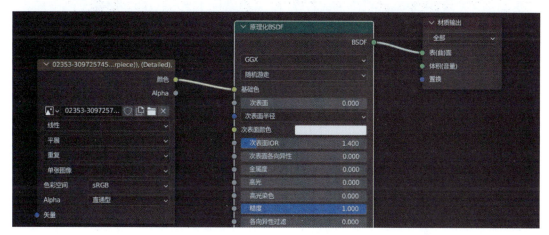

图 4-61
节点连接

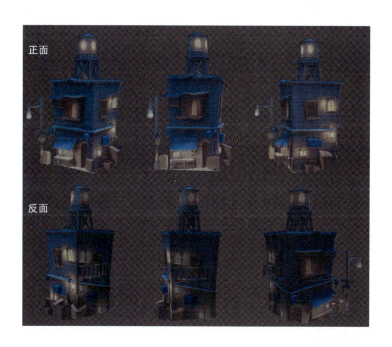

图 4-62
对模型不同视角的贴图效果

通过以上的案例展示，AIGC 本地智能贴图生成和摄像机投射 UV 相结合的方法，相比传统三维贴图制作流程，能够快速生成不同风格的贴图，如图 4-63 所示。

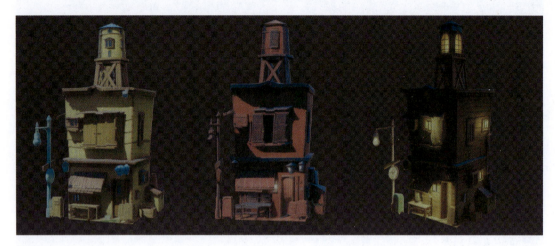

图 4-63
不同风格的贴图效果

5．结果评估和改进

由于采用摄像机视角投影展开 UV，该方案生成结果仅能从展开 UV 的摄像机方向获得最佳视觉效果。从其他视角，尤其是背面观看模型的贴图效果并不理想。因此，该 AIGC 贴图生成方法目前仅适用于固定镜头或者镜头移动不大的情况。这在很多游戏场景需求中仍有应用价值。另一个典型问题在于深度图仅能笼统地携带模型的体积信息，毕竟不如直接的三维模型数据精确。但为了让 AIGC 图片生成平台 Stable Diffusion 接收三维模型信息，绝大多数情况下仍必须依赖此种方法。这导致生成图片的结构细节和模型不符，如贴图窗户的位置与模型错开或贴图变形等，更进一步限制了此方法的应用。一些可能的改进措施和效果如下。

1）三维模型导出 AIGC 参考信息的改进

绝大多数模型都可以按照深度图导出的方式，给出与模型匹配的三维提示信息，供 AIGC 平台调用来辅助生成结果。对于更依赖贴图的游戏或远景需求，模型可以仅塑造轮廓和体积感，而将细节交给贴图去表现，因而适合使用深度信息获得更丰富多变的贴图生成结果。但像本案例中使用的、有明确转折结构的建筑模型，可以使用线框图代替深度图，为 Stable Diffusion 的 ControlNet 提供更加精确的参考信息，如图 4-64 所示。

在 ControlNet 中调入线框图，选择 lineart 预处理器和模型，加入提示词，单击"生成"按钮查看结果。需要注意的是，线稿 ControlNet 对结果的约束力较强，只有控制模式选择"更偏向提示词"，才能获得有纹理细节的生成结果，否则往往只能获得基础色和光影，生成贴图的细节会明显不足。

注意：针对圆滑轮廓的生物体或流线型平滑对象，线框图会损失很多表现模型体积感的信息，因而不适合采取此改进措施，仍需要依赖深度图方式为 AI 提供参考信息。

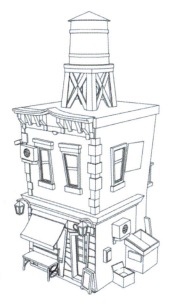

图 4-64
模型线框及作为 ControlNet 的生成结果

2）背面贴图的补充

如模型对象需要 360° 的完整贴图渲染效果，则不能忽略摄像机投射展开 UV 造成的 UV 前后错位重叠，而必须以完全展开的 UV 生成贴图并加以修改。在此基础上，AIGC 贴图必须调用多个视图角度的生成图片并进行混合，才能为模型的各个角度都提供细节与结构贴合、无拉伸的完整贴图。

在本案例中，我们需要在建筑的当前角度和旋转 180° 后的视图各获得一张 AIGC 贴图，然后利用建筑模型正常展开的 UV 将二者合并，操作步骤如下。

（1）正面导出：备份好已展开 UV 的原始模型，命名为 house_low，在原视图执行按摄像机投射展开 UV，导出模型命名为 house_front，并以正方形尺寸渲染线框图。为保证操作中不改变摄像机角度，可将其变换锁定。

（2）背面导出：将模型旋转 180°，重复（1）中的操作，导出背面摄像机投射 UV 模型命名为 house_back，渲染背面线框图。

（3）线框图拼接和预处理：为了让两个视图生成的 AIGC 图片尽可能保持一致，需要将两张线框图拼接为一张，如图 4-65 所示。将结果作为 ControlNet 输入图，以 lineart 预处理器和模型调用。处理结果为保证生成图片和线框尽可能精确对应，ControlNet 的控制模式须选择"均衡"，尽管这意味着会损失一定的风格细节。

（4）设置生成参数：更改生成图片的

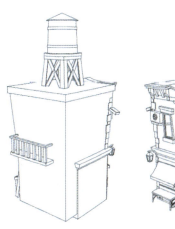

图 4-65
两视图线框拼接图

尺寸，因为要同时生成两个视图的图片，需要将生成尺寸横纵比改为 2∶1，本案例使用 2048×1024 像素。提示词更改为"2 same cartoon brick houses on the hillside，with colorful brick pattern，various material，with red round water tower，night scene，with warm lighting windows，highres"，以描述需生成的画面内容，并加入代表风格质量的提示词，如"3d，exquisite，brilliant colors，4K，realistic"等。这里增加了一些对材料和颜色的描述信息，以平衡线框图过高的控制效果。为进一步提高提示词的引导作用，可将"提示词引导系数"调高。

（5）生成图片：为进一步保障风格化细节，案例启用了一个三维风格建筑场景 LoRA。单击"生成"按钮得到的结果在经过筛选后，最终用于后续 AIGC 贴图生成的图片如图 4-66 所示。可以看出线框作为 ControlNet 的引导效果保证了图片和模型的匹配，但也导致了纹理细节的不足。

图 4-66
AIGC 生成的两视图效果

3）多视图 AIGC 贴图烘焙转入正常 UV

将 AIGC 图片生成结果重新拆分成两张正方形图片，则它们可以和模型在摄像机投射 UV 展开后导出的正面模型 house_front 和背面模型 house_back 对应。为了将单视图投射的贴图转化为对应正常 UV 展开的贴图，拆分的 AIGC 贴图需要在八猴渲染器中两次经过贴图烘焙进行后续处理。

（1）导入模型：开启八猴渲染器，新建烘焙器。导入正常展开 UV 的模型 house_low，在大纲中将其拖入低模组。

（2）烘焙器设置：导入摄像机投射 UV 的正面模型 house_front，在材质的 Albedo 通道中调用对应的 AIGC 生成的正面图。此时可看到贴图和模型正面匹配的视觉效果，如图 4-67 所示。在大纲中将 house_front 拖入高模组，设置导出贴图为 Albedo，烘焙尺寸使

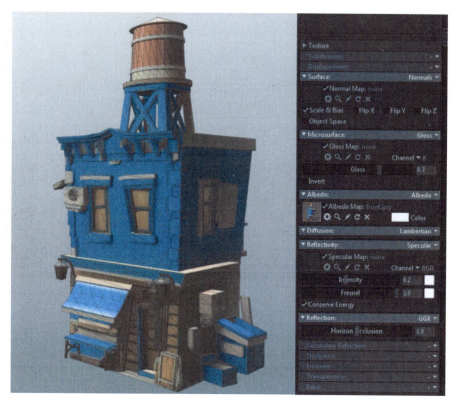

图 4-67
案例在八猴渲染器中调用高低模和贴图

用默认的 2K。

(3) 生成正面贴图: 由于烘焙的两个模型完全重合, 不需要偏移搜索范围。因此可单击低模组, 将模型搜索范围 Cage 的偏移上限 Max Offset 改成比较小的数值 (如 0.002)。设置路径和文件格式, 单击 Bake 按钮, 得到包含正面 AIGC 图片内容, 对应正常 UV 的贴图 front_albedo。

(4) 删除 house_front, 导入背面摄像机投射 UV 模型 house_back, 重复(2)和(3)中的步骤, 烘焙得到包含背面 AIGC 图片内容, 对应正常 UV 的贴图 back_albedo。但需要注意将正常 UV 模型 house_low 沿 Y 轴旋转 180°才能与背面摄像机投射 UV 模型 house_back 重合。模型的变换修改方式如图 4-68 所示。

如果预览这两张贴图贴回正常 UV 展开模型 house_low 的效果, 可以发现 front_albedo 可以在模型正面产生正确的结果, back_albedo 则在背面与模型结构贴合。两次导出的贴图如图 4-69 所示。

4) 多视图 AIGC 贴图的拼合和修改

由于两张 AIGC 烘焙贴图目前按 UV 覆盖整个模型, 但各自只在一个方向上可获得正确的贴图结果, 因此需

图 4-68
八猴中的模型变换

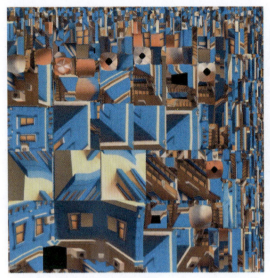

图 4-69
正面和背面摄像机投影贴图烘焙为正常 UV 的效果

要设置各自的范围遮罩,将两张贴图进行拼合,并在边缘处进行修正。这一部分工作在 Substance Painter 环境和流程下更容易实现。

(1)按视图方向生成 ID:在三维 DCC 软件中,为模型上朝向两次摄像机投射方向的面,分别使用颜色信息进行标注作为贴图拼合的 ID 信息。尽管在 Substance Painter 中也可用填充面或 UV 岛的方式设置遮罩,但仍然建议事先制作比较清晰的 ID,同时建议使用顶点着色存储 ID 信息,如图 4-70 所示。

(2)在 Substance Painter 中调用模型:打开软件,以正常 UV 并携带 ID 信息的模型 house_low 新建工程。烘焙贴图,注意选择合适的烘焙尺寸,同时为 ID 烘焙选择正确的信息来源。

(3)调用并拼合贴图:新建两个填充层,在"贴图"资源面板导入两次在八猴渲染器中烘焙得到的贴图 front_albedo 和 back_albedo。在 Substance Painter 导入外部贴图资源时,会首先询问导入位置和贴图类型,注意将贴图定义为 texture(纹理贴图),并选择将资源导入项目,如图 4-71 所示。这样下一次开启项目时,这两张贴图不会丢失。

将导入后的贴图资源分别拖曳到对应图层属性的 Base color 通道上。为叠放在上层的填充层创建一个颜色选择遮罩,用滴管选取 ID 通道中对应的颜色。此时可以看到两张 AIGC 烘焙贴图正确地覆盖了整个模型。如对结果要求不高,可以直接

图 4-70
区分前后面的 ID 分区

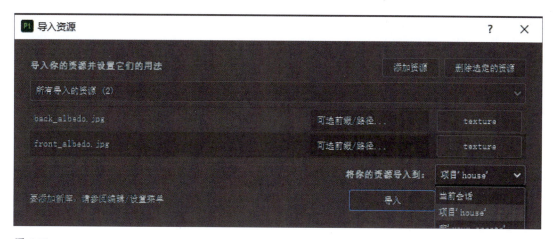

图 4-71
贴图导入选项

选择导出贴图,则可实现将两张不同视图摄像机投射 AIGC 贴图拼合转为正常 UV 贴图,效果如图 4-72 所示。需要注意的是,在贴图前后面的交界处,也就是 ID 通道的颜色边界,有一条非常明显的分界线。

(4)修正贴图边界:在一些圆滑表面明显出现了前后贴图的拼合边界,可以选择为上层图层的颜色选择遮罩增加一个绘画特效;直接用画笔工具(快捷键"1")切换黑色和白色绘制来调整贴图遮罩范围。

需要注意的是,必须将绘画特效的混合模式改为 Passthrough(穿透)才能在编辑遮罩的同时影响其他图层范围内的结果。随后还可以在资源库的笔刷中选择涂抹(快捷键"5")和模糊笔刷在边缘进行绘制,来虚化 ID 遮罩边界,获得柔和的衔接过渡效果。贴图拼合边界在局部修改前后的效果对比如图 4-73 所示。

图 4-72
拼合后的贴图效果

图 4-73
贴图拼合边界的修正

（5）修正细节：模型在摄像机投射 UV 方向背侧的位置，经常会出现贴图重复投影或异常拉伸的问题。我们可以在对应填充图层上新建绘画特效加以修正。如想用画笔工具绘制覆盖错误的部分，则可使用"材质选择器"（滴管，快捷键 P）直接从已有贴图部分吸取颜色。

针对部分穿插结构复杂的部位，绘画工具经常会溢出需要修改的部分。此时需新建绘画层，并为其添加黑色遮罩。再利用"几何体填充"工具（快捷键"4"），用白色填充模型或 UV 岛的方式，为绘制图层制作与修改范围匹配的遮罩。

对于表面纹理复杂的贴图修正，也可以使用"克隆"工具（图章，快捷键"6"）。按住 V 键设定克隆范围，松开后即可如 Photoshop 的图章工具一样从已有贴图部分复制细节。特别注意，同样需要将绘制特效的混合模式设置为 Passthrough 才能正常看到克隆工具的绘制效果。最终，重复投影和拉伸问题的局部修正效果如图 4-74 所示。

图 4-74
重复和拉伸细节的修正

修正完成后可导出贴图，由于该本地部署 AIGC 智能生成贴图方法仅能提供颜色贴图，因此可忽略其他通道的导出结果。如认为必要，也可单独将 AO 通道导出配合使用。最终贴图在模型上的效果和贴图文件展示如图 4-75 所示。

图 4-75
本地部署 AIGC
生成贴图的案例
结果和导出贴图

本章小结

如今大多数三维 DCC 软件，对模型 UV 展开，都提供了比较便利的半自动化编辑环境。同时软件和部分 AI 平台也已经发展出了自动切割接缝和展开的"一键式"UV 编辑功能，只是结果质量暂时无法完全取代人工。借助类似 Substance Painter 这样的三维贴图绘制和生成软件，用户可以采用分区填充材质预设的方法，在短时间内获得真实而精细的模型贴图。面对 PBR 标准的复杂贴图资源需求，用户大多不需要完全手动绘制全部通道的贴图内容。而 AIGC 在三维贴图应用领域，无论是线上平台产品还是本地部署方案，目前都带有显著的，特定视角投射贴图的痕迹，此流程造成的问题需要手动修正。而跳过 ID 分区直接 AIGC 生成的 PBR 贴图，则更加不利于后续的人工编辑。

目前已经出现了将摄像机视图 AI 生成图片和手动绘制遮罩实时结合的 AIGC 贴图软件工具，相信未来 AIGC 强大的图片生成功能必然会以更加便捷的方式接入现有工作流程，也会发展出自动化程度与质量并重的成熟软件平台。

思考与练习

（1）将前面重拓扑生成的模型展开 UV，导入 Substance Painter 这样的三维贴图工具，烘焙必要的属性信息，使用常规绘制手段和智能材质为模型制作完整的 PBR 贴图，并导入三维 DCC 软件或渲染引擎，生成完整的三维静帧作品。

（2）尝试使用 AIGC 线上平台或本地部署方案，为已经展开 UV 的三维模型智能生成贴图。结合前面学到的 Substance Painter 的操作技巧和相关知识，评估生成结果并修改出现的错误，对标三维动画或游戏标准，使其满足多角度渲染需求。

第 5 章

AIGC 三维艺术设计展望

5.1　AIGC 对三维艺术设计发展趋势的影响

截至 2024 年 5 月，AIGC 技术在三维艺术设计领域的应用还处于起步阶段，但已经显示出了强大的潜力和广阔的发展前景。随着技术的不断进步，一些前沿技术用户已经开始尝试将 AIGC 技术融入现有的三维制作工作流程中，并对生成的三维美术资产与传统工艺进行比较和评价。

目前，各企业在三维 AIGC 平台的开发和更新方面，主要聚焦在人工智能行业内展开图形算法速度和质量上的竞争。这表明，尽管 AIGC 技术在三维艺术设计领域的应用还处于早期阶段，但行业内对这一技术的关注和投入已经非常显著。值得注意的是，AIGC 技术从最初涉足美术设计领域，到形成具有实用价值的成熟工作平台，仅用了几年时间。如今，AIGC 已经成功跨越了从二维到三维的门槛，并完成了技术迭代的前置条件。这预示着，在短期内，AIGC 技术在三维艺术设计领域将迎来新一波爆发式的提升。因此，我们需要密切关注 AIGC 技术在三维艺术设计各分工流程中的发展动态，以及这一技术进步对行业格局和人才培养可能带来的影响。随着 AIGC 技术的不断成熟和应用范围的拓展，它将为三维艺术设计领域带来革命性的变革，推动行业的创新和发展。

1. AIGC 影响了三维 DCC 软件的开发

2024 年 5 月 8 日，Autodesk 公司——Maya、3ds Max 等主流三维数字内容创作（DCC）

软件的开发者,推出了一项名为 Project Bernini 的实验性研发项目,如图 5-1 所示。这是一个创新的生成式 AI 模型,能够根据多种输入生成三维模型,这些输入包括文本提示、3D 图像、点云和体素等。该 AI 模型主要面向"建筑、产品设计和娱乐"领域,目前仍处于实验阶段,Autodesk 尚未公布其将如何与现有产品集成。

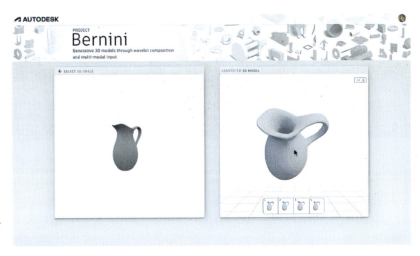

图 5-1
Autodesk 的 AIGC 实验项目 Project Bernini

Project Bernini 的 AI 模型建立在 Autodesk Research AI Lab 早期的 Make-A-Shape 工作基础上,并经过了"1000 万种公开可用的形状"的训练,这些形状包括 CAD 模型和有机形态。从目前公开的演示效果来看,该实验模型能够生成如水罐等简单造型的三维模型。然而,与许多 AIGC 三维建模平台类似,这些初始模型的面数较高,拓扑结构可能需要进一步优化。

Autodesk 在其 2024 年设计与制造状况报告中发现,绝大多数企业领导者相信人工智能技术将促进行业发展并提高企业创造力。因此,Autodesk 正不断利用人工智能来增强其工具,帮助创意专业人士应对跨行业的挑战。尽管 Project Bernini 目前还处于开发初期,并未向公众开放测试,但它作为 Autodesk 全面人工智能战略的一部分,已经展现出该公司对将人工智能技术引入三维艺术设计领域的兴趣和长远规划。这标志着主流三维 DCC 软件在利用 AI 技术推动创新和提高设计效率方面的积极探索。

2024 年 5 月 22 日,Autodesk 公司宣布完成了对 Wonder Dynamics 的收购,该公司是创新的三维动画和视觉特效平台 Wonder Studio 的开发者。Wonder Studio 是一个基于云技术服务的平台,2023 年 7 月正式上线。该平台的主要功能是使用人工智能技术来驱动三维角色,以代替实拍视频中的演员,通过一键操作实现自动化的视频合成。官方的宣传视频中展示了该平台一键替换演员的效果,如图 5-2 所示。

事实上 Wonder Studio 只是将三维 CG 后期合成已有的诸多相关功能,集成在了一个线上平台中,包括视频动作捕捉、视频擦除运动物体、根据镜头还原光照环境,以及 CG 与实景叠加的后期校色等。平台试图借助 AI 技术,让三维角色的视频合成流程更加自动化,并且与主流三维 DCC 软件联动。未来用户可以在 Maya 中创建角色模型并进行绑定,而后无须经过复杂的镜头跟踪、角色动作匹配和合成校色等手动操作,直接在软件内连接

图 5-2
Wonder Studio 官方演示效果

Wonder Studio 来得到最终的合成结果。正是这种高度自动化和集成式的解决方案及惊艳的演示效果，促成了此次 Autodesk 对 Wonder Dynamics 的收购。这也让我们看到了未来 AIGC 广泛应用于三维制作、相关服务和算力云端化，并且更加精准服务特定项目流程的发展趋势。

Autodesk 对 Wonder Dynamics 的收购，以及对 Project Bernini 的研发，都表明了该公司在推动 AI 技术应用于三维艺术设计领域上的坚定决心和长远规划。随着技术的不断发展和应用的深化，我们可以期待 AI 将在三维制作中扮演越来越重要的角色，为创意产业带来革命性的变化。

2. AIGC 时代三维设计工具的专精化发展

尽管 AIGC 技术在三维建模方面取得了引人瞩目的进展，但生成效果的成熟度仍有待提高。一些急切的用户已经开始尝试将角色设计图拆分成单独的零件，并分别利用 AI 进行生成，随后手动调整各部分以确保结构的正确衔接，并为后续的绑定和动画工作预留冗余度。然而，目前大多数在线 AI 建模平台都采用虚拟货币支付机制，这使得这种分步操作的方法不仅烦琐，而且成本较高。

面对这种情况，开发专门针对常见三维美术资源需求的高质量 AI 建模工具，相比普适性的 AIGC 三维建模平台，似乎是一个更为经济可行的解决方案。一个典型的例子是在已经成熟的传统三维美术资产生成工具中，集成 AIGC 的部分功能或生成结果。例如，虚幻引擎的虚拟数字人平台 Metahuman，它通过高度自动化和智能化的制作流程，已经成为可动三维角色模型搭建领域的行业标杆。

Metahuman 平台的 Identity 插件进一步扩展了这一能力，允许用户导入图片或三维扫描数据，快速生成逼真的角色面部模型。图 5-3 展示了在虚幻引擎环境中，使用该插件将真人面部的三维扫描数据转化为数字角色的过程和效果。AIGC 技术在这一工作流程中，可以被用于初期设计和后期修饰阶段，提供更加高效和个性化的建模解决方案。

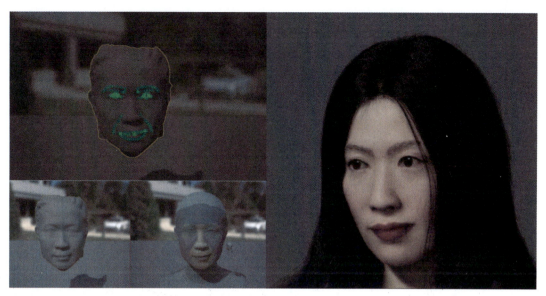

图 5-3
Metahuman 将扫描数据转化为数字角色的过程和效果

3. AIGC 驱动三维视觉信息存储和显示技术更新

目前，AIGC 技术在生成三维美术资产的造型和拓扑质量方面，尚未达到可以直接满足三维动画、游戏和交互角色模型的行业标准。因此，AI 建模技术通常需要与传统建模手段相结合使用。在可预见的未来，三维模型的重拓扑和贴图烘焙工作流程，仍将是连接 AIGC 生成模型与行业标准的重要技术桥梁。随着 AIGC 建模精度的不断提升，未来 AIGC 技术将能够更准确地还原设计图中的细节。有望通过利用高质量的模型资产和行业标准进行精密训练，加入自动拓扑功能。由于三维模型的拓扑需求逻辑清晰，便于精细化和程序化，这使得它非常适合由机器进行理解和学习。

从长远来看，三维显示技术的发展可能会突破现有的软硬件限制。目前，三维软件和游戏主要依赖多边形模型来表达三维实体，但这并非唯一的解决方案，也并非最优解。未来，随着显示芯片性能的提升，可能会放开对实时处理模型多边形数量的限制，或者采用更高精度的点云作为三维显示和存储的格式。如图 5-4 所示为 Luma AI 平台上中国用户分享的，AI 基于视频生成的古建筑场景点云数据。

第 2 章中探讨了使用本地软件和在线平台两种方式，分别从照片和视频中获取实物的点云信息，并在此基础上实现模型的生成和还原的技术流程。点云技术最初是对现实三维空间或物体进行采样，得到的一系列带有三维空间位置和颜色、光照等信息的点。通常高采样率获得的大规模点云具备记录、描述和还原现实物体或空间的能力。也是 AI 认识世界，进行机器学习和识别目标对象的重要途径。早在 AIGC 应用于三维艺术设计之前，人工智能在针对测量、遥感、自动驾驶等领域进行训练时，就会由开发人员借助点云作为输入数据或识别结果，对机器学习算法进行训练。三维点云还可以用于医疗影像、地理生态监测、灾害救援等方面。可以说，点云即是人工智能认识真实三维世界最直接、最原始的

图 5-4
中式古建筑场景的三维点云数据

形式。

三维点云可由测量设备扫描实物获得，或者由计算机图形算法直接生成，并不需要以模型作为中介，并且和人眼对三维世界的感知方式非常类似。目前仅作为识别信息出现的点云，暂时无法再现被采样物体的完整视觉信息，往往仍需要通过传统的模型和贴图作为终产物。随着技术的发展，点云在表达视觉信息丰富程度、动态记录、还原、传输和实时运算能力上的突破，有可能改变目前三维艺术设计的实现手段，进而改变相关技法工作流程。在人工智能技术和计算机图形实时渲染技术的协同发展下，如神经辐射场（NeRF）、高斯溅射等技术方案都在试图用有限数量的点云信息，将孤立的点转变为拥有一定空间分布规律的"体素"，从而摆脱采样率和模型化过程的束缚，达成三维视觉信息高效的记录再现和实时渲染交互。

4. AIGC 对三维艺术概念的颠覆与开拓

随着 AIGC 技术的飞速发展，我们正经历着一系列"行业颠覆者"的出现。如今的 AI 技术已可以生成高质量的、任意风格的动态影像内容，这让我们有机会重新审视 AIGC 出现之前的图形和影像艺术传统。在动画和影视艺术中，包括三维技术在内的诸多技术工具存在的基本目的是为了获取平面屏幕影像。换言之，使用建模、绑定、材质、渲染工作流去搭建三维实体只是技术手段和行业惯例。随着技术的不断进步，特别是在 AIGC 技术的帮助下，这些传统的工作流程可能会被简化甚至绕过，进而完全让位于 AIGC 的生成式影像技术捷径。尽管目前 AIGC 还不能支撑起完整的影视制作，但已经可以替代部分三维制作任务，并在继续发展完善之中。

在影视动画行业内，对比三维和二维艺术设计可以发现，三维艺术设计与计算机图形技术和软件平台发展高度绑定，从业人员有着更加细致且专业的分工，这些都让 AIGC 与三维艺术的结合变得更加具有灵活性和多样性。三维艺术工作流能够提供可拆分的数据信息，如模型、骨骼动画、渲染分层、合成通道等。这些数据可以多元化地作为 AIGC 的输入，指导生成结果。因此，AIGC 进入三维艺术设计领域，不会一夜之间带来完全颠覆性的影响，而是会以功能模块形式，为特定工艺流程提供改善或全新的创作思路。可以预见，未来三维艺术设计与 AIGC 的结合，必然是两者的技术在各自原有轨道上，同步发展并行交汇的结果。目前由屏幕定义的视觉艺术创作与媒介文化，其内容只能是在二维平面空间对现实世界一种切片式的视觉记录或再现。包括 AIGC 在内的图形技术能够带来的视觉奇观性，在现有技术环境和产品开发下，已经基本饱和式地填充了屏幕空间。AIGC 深入发展带来的平面影像艺术的充分自由和廉价易得，恰有可能成为让视觉媒介"升维"的关键推动力。支持三维视觉体验方案向部署更便捷、生产更高效、作品更大众化的新的技术元年迈进。

5.2　AIGC 时代三维设计师的自我定位

作为当前的热门概念和关注焦点，AIGC 虽然还没有从实质上改变包括三维艺术在内的整个美术设计行业格局，但已经不可避免地广泛影响了从业者的心态。如今用人单位已经在招聘环节，强调岗位对掌握 AIGC 工具的需求。善于制造焦虑的各种自媒体和培训机构，则热衷于宣扬 AI 在多大程度上能够代替人类设计师的手工劳动。有意学习或已经从事三维艺术的青年设计师，必须适应 AIGC 对专业、行业的影响，明确学习目标和个人定位。

1. 兼容实用主义与系统性思维

目前 AIGC 生成的三维美术资源，往往不具备直接可用的质量，或者需要大量的人工修改才可达到行业标准。但三维设计师在积累创作经验和个人作品，尤其是动画短片创作时，可以利用 AIGC 生成那些静态的、远离镜头的背景或道具，以节省工作时间和补充个人岗位专精以外的必要工作量。部分原本需要完整三维流程才能创建的动态对象，也可以改用 AIGC 的图片生成和视频风格化功能去搭建，尤其是那些次要的、只出现一两次的配角。此外，真人参与表演的风格化滤镜、基于预设美术资产的智能化场景生成插件，乃至混合拼接动作捕捉数据等，都可以成为个人创作的助力。

当设计师正式进入专业岗位并参与到企业的工作流程中时，他们需要对行业规范和企业的协作习惯有一个统一的和系统化的认识。在这种情况下，设计师对岗位的胜任能力不仅仅依赖他们的三维美术设计专业技能，还需要考虑上下游环节提供的信息和需求。AIGC 在三维生成能力上的更新和应用，也必须与现有的工作流程和标准相协调。在实际工作中，这意味着在那些流程复杂、分工严密的企业和项目中，对技术革新的响应可能会更加谨慎。这是因为这些企业和项目需要确保新技术的应用，不会破坏现有的工作流程和协作机制，同时也要保证最终作品的质量满足行业标准。

2. 强化沟通、训练与修正 AIGC 的能力

尽管当前 AIGC 技术在文字生成内容方面已经展现出强大的能力，能够通过自然语言提示信息来描述设计目标和质量、风格需求，但设计师的专业经验仍然是不可或缺的。在 AIGC 时代，设计师的沟通能力不仅限于与客户明确设计任务和要求，还需要将这些要求转化为 AI 能够理解的输入信息，并进行反复的测试、修正和评估筛选。

此外，为了满足风格稳定性和角色造型一致性的需求，设计师可能还需要进行一定程度的 AI 模型训练，以确保生成的内容符合预期的质量和风格。AIGC 技术基于输入信息直接生成的阶段性结果，往往需要设计师运用其专业眼光来寻找瑕疵，并进行局部重绘和手动修正，以提升最终作品的质量。因此，设计师的专业判断和创造性思维在 AIGC 技术应用过程中仍然发挥着关键作用。设计师不仅需要指导 AI 生成内容的方向，还需要在生成过程中进行监督和调整，确保最终作品的准确性、合法性和质量。

3. 保持对文化与情感的体验和表现能力

AIGC 无法取代人类设计师的一个很重要的原因，就在于 AI 没有对文化和审美经验的理解，它们的作品只能通过对已有艺术品的模仿，由人给定的程序算法和目标指引机械生成。排除了人类对世界的认识和体验过程，AI 绘画风格和内容的来源就非常单一，即仅仅来自已经存在的绘画作品，以及人为打上去的风格和内容标签。算法无法将诸如情感、信仰、文化等虽对艺术创作至关重要但却不可演算之物统筹在内。事实上，像情感、信仰、文化等要素对人文艺术的发展功不可没，在文明的演进过程中扮演了至关重要的角色。即使是用于再现真实的智能生成任务，在没有经过对实物图像的特殊训练之前，AIGC 生成的美术资产仍然可能存在大量的错误。AIGC 更加难以精确把握针对特定历史、地区、民族、国别的文化内容视觉生成需求。具备历史文化知识和民族化的审美能力的人类设计师必须为 AIGC 提供必要的指导，甚至在必要时，不得不改由人工完成设计任务。

5.3 AIGC 艺术的深入思考

AIGC 技术在三维艺术设计领域的应用仍处于探索阶段，其发展和效果展示主要依赖技术的进步和工业化的迭代思路。而在美术领域内，关于人工智能艺术的讨论和争辩则由来已久。一些学者和艺术家开始探讨 AI 生成绘画作为艺术的资格问题，以及使用现有作品训练 AI 可能带来的道德和版权风险。同时，也有观点从人类设计师的生计角度出发，强调对 AI 艺术进行制度约束的必要性。可以预见，在 AIGC 继续发展并进入应用领域的同时，围绕着它的争议，以及伴随而来的对艺术的反思，都将长期存在。

1. AIGC 技术的道德风险

前文中提到过的，迪士尼动画师亚伦·布莱斯，在对 AIGC 动画《剪刀、石头、布》给予积极评价的同时，也表现出了大多数艺术家共同的忧虑，即 AI 使用其他艺术家的作品进行训练，而没有获得他们的许可。在技术发展初期，AIGC 绘图生成结果的拼贴感很

强,公众彼时面对 AI 绘画始终存在一种似曾相识的印象。并且由于经常出现的如四肢多余或缺失、手指数不稳定、造型扭曲等问题,AI 绘画被很多数字绘画从业者和爱好者嘲讽为对已有作品的"尸块缝合"。然而经过几年的发展,如今逐步成熟的 AIGC 艺术已经能够对学习资源进行更加细致的识别、标记、分析和重组。可以说人工智能对艺术的学习过程,已经和人类艺术家将参考作品内化,并模仿风格进行创作的方式非常接近。尽管目前,在无法了解训练过程的情况下,仅从作品去追溯 AIGC 艺术侵权的事实已几乎不可能,但那些在 AI 大模型中已明确的,对已有艺术家风格的模仿痕迹,仍然让 AIGC 艺术承受着道德上的负面评价。

另一个 AIGC 可能面临的道德甚至法律风险,来自它几乎任意生成仿真视觉内容的技术能力。如今 AIGC 可以为视频人物改头换面,或者嫁接语音、唇形动画到任何已有影像资料的公众人物上,使其在视频中讲出在现实中并未说出的话语,或做出从未发生过的表演动作,使人难辨真伪。AIGC 的这种颠覆真实的技术能力,并非在法律和新闻层面达成对影像证据能力的彻底否定,但无疑加剧了公众对影像包含主观裁剪、移植、篡改甚至凭空捏造可能性的怀疑。CG 动画技术可以在 IMAX 这样的巨幕上营造出以假乱真的视觉效果,那么小尺寸的新闻视频就更加不在话下了。至此,有图不一定有真相,有视频也不一定有真相。AIGC 的拟真技术越发达,影像被篡改的风险越大,成本越低,其证据效力与信源的信用程度关联便越大。换言之,影像可以比文字、图片包含更多的信息,但却不再具有终结性的证据效力。

2. AIGC 艺术的文化风险

大量用户对 AIGC 绘画现有的使用经验,暴露了主要由国外研发的智能算法对开发者或机器学习资源中包含的文化偏见的继承。以"中国人"为提示词的 AIGC 生成结果往往包含丑化的刻板印象,并尤其容易与日本文化形象混淆。这些普遍存在的问题,已经印证了 AIGC 平台在算法模型上的不透明,以及抓取学习资源环境上的复杂性。并且由于涉及的数据庞大,模型训练并不对用户完全开放,相关问题往往无法确证和改善。

因此,在现有条件下,我国 AIGC 艺术设计需要额外强调针对文化风险方面的应对措施。

(1)强调自主研发 AIGC 平台工具,在图形处理、学习资源和语义理解能力上,比肩国外前沿技术发展成果。提高算法模型对于中华文化内容的学习和视觉元素重组能力。细化 AI 对中华文化历史、内涵的深刻理解,进而提升辨识和标记提示信息的交互能力。

(2)重视对现有开源 AIGC 平台的二次开发,建立正确识别和表现中国文化视觉符号的学习模型,引导用户选用和鉴别。

(3)开拓宣传我国文化资源的新途径,改善 AI 自主学习的视觉信息环境。用正确的知识和健康的中国人形象,促进互联网媒介下文明间的良性互鉴,与 AI 生成内容之间形成迭代效应。从提高文化产品生产效率,促进视觉文化传播的目标出发,唯有透明、可控并共享的 AIGC 平台才能真正发挥计算机图形前沿技术优势,无偏见地对艺术和文化的发展起到积极作用。

3. AIGC 对艺术本质和职业艺术家的反思

2022 年，39 岁游戏设计师 Jason Allen 凭借使用 AI 创作平台 Midjourney 生成的绘画作品《太空歌剧院》，在美国科罗拉多州博览会的艺术比赛中获得了数字绘画组的头奖，如图 5-5 所示。随后引发了广泛的争议和批评。这一事件不仅将 AI 艺术的争议推向了高潮，也触及了艺术界对 AI 生成作品的深层次质疑：AI 作品是否具备艺术品的评价资格，以及它们能否作为劳动产品参与市场交换。这些争议促使人们重新审视艺术的定义和人类创造力的内涵。

图 5-5
AIGC 绘画作品《太空歌剧院》

在尝试新鲜事物带来的短暂兴奋过后，以数字视觉艺术为生的设计师们很快陷入了被 AIGC 取代的现实忧虑。在著名数字绘画社交平台 Artstation 上，由于不满网站放任 AI 生成绘画作品在站内展示，以及担忧自己的作品会被 AI 抓取学习风格用于绘画生成，从 2022 年 12 月开始，数百名艺术家联名发起了抵制 AI 运动。他们通过在自己的作品上打上 "No to AI Generated Images" 的大幅 Logo 以表达诉求并试图借此阻止 AI 学习。2023 年 7 月爆发的好莱坞大罢工中，演员工会也使用了抵制 AI 的口号，来应援编剧和群众演员的薪资诉求，以及被 AI 取代的担忧。然而被 AI 冲击的职业艺术家和从业人员的"抱团"抵制，终究未能将 AI 驱逐出艺术社交平台。如今激进的抵制活动已被温和的"支持人类设计师"口号取代。

AIGC对艺术设计从业人员的冲击，使得我们可以反思市场对艺术长期以来貌似合理的异化影响。众多AIGC企业通过作品进行技术展示时，都在极力鼓吹计算机程序的自动生成能力和质量，隐瞒或贬低其中包含的大量时间成本和人类手工劳动。在艺术职业化、工具化、商品化的背景下，许多从业者已经在学习和应用艺术技法的过程中，依赖对已有作品的模仿和拼凑。这一过程与AI对艺术作品的学习和生成有着相似之处，揭示了艺术职业在AIGC出现之前就已经存在的程式化、机械化倾向。这些来自文化艺术领域的反思，比实体生产领域AI对人类的代替，更早地揭示了人类社会发展的终极问题，即当生产力和生产的自动化程度高度发达之后，人类和全部社会生活的存在，究竟应当被看作目的还是工具，这是一个值得深思的问题。

本章小结

目前AIGC还没有全面涉足三维艺术设计的工艺流程，生成结果尚未达到行业标准。但无论是传统三维DCC软件公司在AI技术领域的发力，还是计算机图形技术成果借助AIGC概念开始向艺术设计应用渗透的趋势，都为未来勾勒出了一个三维技术和AIGC同步发展、相互融合的光明前景。作为三维艺术设计的学习者和从业者，年轻的艺术设计人才需要兼顾前沿技术视野和规范化、系统化的专业思维，在掌握AIGC半机械化、半自动化的图像文化生产技能的基础上，保有人文知识、文化关怀和审美共情能力。

参 考 文 献

[1] 瓦伦蒂娜·阿尔托. 拥抱 AIGC 应用 ChatGPT 和 OpenAI API [M]. 郭涛,李静,译. 北京:人民邮电出版社,2024.

[2] Nolibox 计算美学. AIGC 设计创意新未来 [M]. 北京:中译出版社,2024.

[3] 阿瑟·I. 米勒. AI 艺术家 人工智能的创意与未来 [M]. 林文杰,译. 北京:世界图书出版公司,2023.

[4] 陈雪涛,杨天若. 元宇宙与 AIGC:重新定义商业形态 [M]. 北京:电子工业出版社,2023.

[5] a15a. 一本书读懂 AIGC:ChatGPT、AI 绘画、智能文明与生产力变革 [M]. 北京:电子工业出版社,2023.

[6] 王喜文. AIGC 时代:突破创作边界的人工智能绘画 [M]. 北京:电子工业出版社,2023.

[7] 菅小冬. 商用级 AIGC 绘画创作与技巧(Midjourney+Stable Diffusion)[M]. 北京:清华大学出版社,2023.

[8] 杜雨,张孜铭. AIGC:智能创作时代 [M]. 北京:中译出版社,2023.

[9] 来阳. Maya 2024 从新手到高手 [M]. 北京:清华大学出版社,2023.

[10] 张楚阳. Blender 3D 保姆级基础入门教程 [M]. 北京:人民邮电出版社. 2023.

[11] 王洪亮,徐婵婵. 人工智能艺术与设计 [M]. 北京:中国传媒大学出版社,2022.

[12] 薛志荣. AI 改变设计——人工智能时代的设计师生存手册 [M]. 北京:清华大学出版社,2018.

[13] 佐亚·科库尔. 1985 年以来的当代艺术理论(增订本)[M]. 王春辰,何积惠,李亮之,等译. 上海:上海人民美术出版社,2018.

[14] 让·波德里亚. 象征交换与死亡 [M]. 车槿山,译. 南京:译林出版社,2006.

[15] Benjamin W.. 机械复制时代的艺术作品 [M]. 王才勇,译. 北京:中国城市出版社,2002.

[16] 马立新,涂少辉. AI 艺术创作机理研究 [J]. 美术研究,2022(6).

[17] 毛一茗. 在技术决定论与艺术政治化之间——本雅明艺术生产理论的马克思主义批判 [J]. 当代文坛,2020(1).